부등식의 완성

증명방법으로 보는

다양한 부등식 1

НЕРАВЕНСТВА. МЕТОДЫ ДОКАЗАТЕЛЬСТВА

Nairi Sedrakyan, Hayk Sedrakyan 지음
한인기 옮김

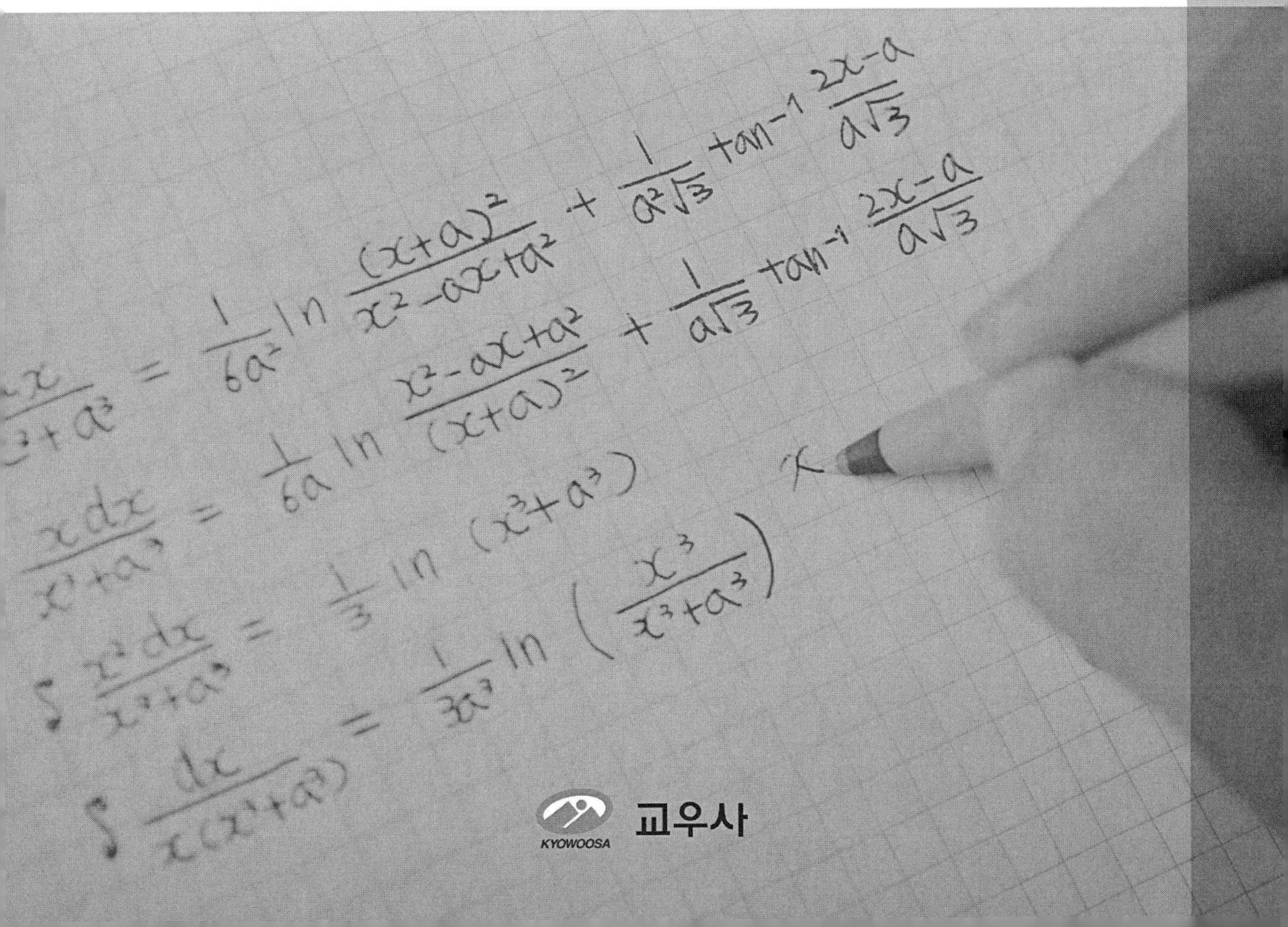

KYOWOOSA 교우사

НЕРАВЕНСТВА. МЕТОДЫ ДОКАЗАТЕЛЬСТВА

저자 서문

수학 교과서, 다양한 유형의 수학 시험, 수학 경시대회에서 부등식 문제들이 자주 만나게 된다. 우리는 이 부등식들의 증명을 통해 학생들의 수학적 재능, 가능성, 지적 발달의 수준을 가늠해 볼 수 있다.

이 책에는 부등식을 증명하는 몇 가지 방법이 설명되어 있으며, 이에 관련된 다양한 부등식들이 소개되어 있다. 이 책에 제시된 부등식들 중의 일부는 여러 나라의 수학 경시대회나 수학 도서들에 소개된 것이지만, 부등식의 증명은 저자에 의해 새롭게 발명되거나 구성된 것이다.

이 책의 각 장에는 수학의 다양한 영역에서 활용되는 부등식의 증명 방법, 부등식의 자세한 증명이 제시되어 있다. 예를 들어, 산술평균, 기하평균, 조화평균, 제곱평균 등을 이용하는 방법들, 수학적 귀납법을 이용하는 방법, 변수 치환의 방법, 코시-분야코프스키 부등식, 얀센 부등식, 체비셰프 부등식을 이용하는 방법들, 함수들의 성질을 이용하는 방법 등이 포함되어 있다. 이 방법들은 학생들로 하여금 다양한 부등식들을 증명하게 할 뿐만 아니라, 부등식에 관련된 여러 가지 문제들을 해결할 수 있도록 해준다.

각 증명 방법을 설명하기 위해, 다양한 예들과 연습문제들이 제시되었으며, 이들의 풀이, 힌트가 함께 제시되었다. 그리고 각 장의 끝부분에 혼자 힘으로 부등식의 증명을 연습할 수 있도록 문제들이 제시되었다.

머 리 말

14장의 '다양한 부등식'에는 앞의 장들에는 포함되지 않는 부등식의 증명 방법들과 이에 관련된 부등식들이 제시되어 있다. 특히 이 부등식들 중에는 한 가지 방법만으로는 해결되지 않고 여러 가지 방법을 조합해야 해결되는 것들도 포함되어 있다.

이 책의 마지막 장인 16장의 '엄선한 100개의 부등식'에는 다양한 부등식들이 제시되어 있는데, 여기에는 간략한 힌트만 제시되어 있으므로 독자들이 증명 방법을 스스로 선택하고 증명을 완성해야 한다.

이 책의 각 장에는 많은 부등식들이 제시되어 있는데, 이 부등식들을 증명 방법의 유사성, 난이도를 고려하여 배치하여 독자들이 스스로 증명을 찾아갈 수 있도록 하였다. 특히 독자들이 이 책에 제시된 부등식의 증명을 볼 때에 증명 방법에 주목할 것을 당부한다.

이 책에 소개된 방법들을 이용하면 다양한 유형의 부등식들을 혼자 힘으로 증명할 수 있다. 이 책은 수학 심화학습이나 수학 경시대회를 준비할 때에 활용될 수 있으며, 수학 교사와 예비 교사들, 중등학교의 고학년 학생들에게 유익할 것이다.

Sedrakyan Nairi, Sedrakyan Hayk

역자 서문

부등식은 등식과는 다른 야릇한 매력이 있는 수학 영역이다. 특히 비교적 쉽게 만들 수 있으며 다양한 증명 방법을 시도할 수 있기 때문에, 많은 사람들이 수학의 아름다움, 수학의 매력, 수학적 발명의 경험을 가지기에는 안성맞춤이라 할 수 있다. 특히 최댓값이나 최솟값을 구하는데 유용한 도구가 되므로, 수학의 활용이라는 측면에서 보아도 나무랄 데 없는 영역이다.

부등식 영역과 관련하여, 우리나라에는 아직 중등학교 학생들이나 교사들, 예비교사들, 수학에 흠뻑 빠진 애호가들의 입맛을 사로잡을 수 있는 정갈한 맛의 수학도서가 거의 없는 실정이다. 특히 부등식의 증명방법에 초점을 맞추어 설명하고, 그러한 증명 방법을 중심으로 다양한 부등식들을 체계적으로 분류하여 소개된 책은 쉽게 만나기 어렵다. 이 책은 이것을 목표로 하여 기술되었기 때문에, 독자들에게 이 책을 소개하고자 한다.

이 책에 소개된 부등식의 증명 방법들은 초등수학, 즉 고등학교 수준까지의 수학 내용을 이용하고 있다. 즉 대학교에서 수학을 전공하는 학생들이 배우는 고등수학의 내용을 몰라도 이 책을 공부해가는 데는 전혀 문제가 없다. 여러분이 중등학교에 배우고 있거나 중등학교를 졸업했다면, 이 책을 가지고 여러분의 수학적 상상의 날개를 얼마든 펼칠 수 있을 것이다.

머리말

이 책에 소개된 증명 방법으로는 Sturm의 방법, 평균들 사이의 관계를 이용한 부등식 증명, 코시-분야코프스키 부등식을 이용한 방법, 변수 치환의 방법, 대수식의 대칭을 이용한 방법, 수학적 귀납법을 이용한 방법, 도함수와 적분을 이용한 방법, 함수의 성질들을 이용한 방법, 얀센 부등식을 이용한 방법 등이며, 이 책에서 다루는 부등식의 영역도 대수식에 대한 부등식들, 기하학에 관련된 부등식들, 수열에 대한 부등식들, 정수론에 관련된 부등식들 등과 같이 수학 전 영역에 걸쳐져 있다.

이 책을 공부하면서 여러분은 수학의 또 다른 매력을 경험할 것으로 확신한다. 수학적인 방법을 알고, 수학적 탐구, 증명을 스스로의 힘으로 수행하며, 수학적 발명을 경험하고, 새로운 부등식을 스스로 만들고 증명해 볼 수 있을 것이다. 이러한 경험이 진정한 수학 체험이라고 생각하며, 수학에 관심이 있는 독자들에게 이 책을 자신있게 추천한다.

2015년 역자 한인기

1권

차 례

1권

C.O.N.T.E.N.T.S.

01
평이한 부등식들

중등학교 수학교과서의 대수 영역에서 부등식들을 다루었다. 배웠던 부등식의 기본 성질들을 이용하여 평이한 부등식들을 증명할 수 있다. 그리고 이 부등식들은 복잡한 부등식의 증명에도 필요한 것들이다.

○ 연습문제

다음 부등식을 증명하여라(1.1-1.26).

1.1. $a^2+b^2\geq 2ab$

1.2. $a\geq 0,\ b\geq 0$에 대해, $\dfrac{a+b}{2}\geq\sqrt{ab}$

1.3. $a>0,\ b>0$에 대해, $\sqrt{ab}\geq\dfrac{2}{\dfrac{1}{a}+\dfrac{1}{b}}$

1.4. $\sqrt{\dfrac{a^2+b^2}{2}}\geq\dfrac{a+b}{2}$

1.5. $a>0, b>0$ 에 대해, $\dfrac{a+b}{2} \ge \dfrac{2}{\dfrac{1}{a}+\dfrac{1}{b}}$

1.6. $\dfrac{a^2+b^2}{2} \ge \left(\dfrac{a+b}{2}\right)^2$

1.7. $b<1<a$ 에 대해, $a+b>1+ab$

1.8. $b<c<a$ 에 대해, $a^2+b^2>c^2+(a+b-c)^2$

1.9. (a) $ab>0$ 에 대해, $2 \le \dfrac{a}{b}+\dfrac{b}{a}$

(b) $ab<0$ 에 대해, $\dfrac{a}{b}+\dfrac{b}{a} \le -2$

1.10. $x_1 \le \ldots \le x_n$ 에 대해, $x_1 \le \dfrac{x_1+\ldots+x_n}{n} \le x_n$

1.11. $\dfrac{x_1}{y_1} \le \ldots \le \dfrac{x_n}{y_n}$, $y_i>0,\ i=1,\ldots,n$ 에 대해, $\dfrac{x_1}{y_1} \le \dfrac{x_1+\ldots+x_n}{y_1+\ldots+y_n} \le \dfrac{x_n}{y_n}$

1.12. $n \ge 2,\ \ 0 \le x_1 \le \ldots \le x_n$ 에 대해, $x_1 \le (x_1 \cdot \ldots \cdot x_n)^{\frac{1}{n}} \le x_n$

1.13. $|a_1|+\ldots+|a_n| \ge |a_1+a_2+\ldots+a_n|$

1.14. $n \geq 2,\ \ a_i > 0,\ i = 1, \ldots, n$ 에 대해, $\dfrac{a_1 + \ldots + a_n}{n} \geq \dfrac{n}{\dfrac{1}{a_1} + \ldots + \dfrac{1}{a_n}}$

1.15. $a > 0,\ \ b > 0$ 에 대해, $(a+b)\sqrt{\dfrac{a+b}{2}} \geq a\sqrt{b} + b\sqrt{a}$

1.16. $a > 0,\ \ b > 0$ 에 대해, $\dfrac{1}{2}(a+b) + \dfrac{1}{4} \geq \sqrt{\dfrac{a+b}{2}}$

1.17. $x \leq a \leq y$ 에 대해, $a(x + y - a) \geq xy$

1.18. $x > 1$ 에 대해, $\dfrac{1}{x-1} + \dfrac{1}{x+1} > \dfrac{2}{x}$

1.19. $k \in N$ 에 대해, $\dfrac{1}{3k+1} + \dfrac{1}{3k+2} + \dfrac{1}{3k+3} > \dfrac{1}{2k+1} + \dfrac{1}{2k+2}$

1.20. $0 < a \leq \dfrac{1}{2},\ 0 < b \leq \dfrac{1}{2}$ 에 대해, $\dfrac{ab}{(a+b)^2} \leq \dfrac{(1-a)(1-b)}{\left((1-a)+(1-b)\right)^2}$

1.21. $k \in N$ 에 대해, $\dfrac{1}{\sqrt{3k+1}} \cdot \dfrac{2k+1}{2k+2} < \dfrac{1}{\sqrt{3k+4}}$

1.22. $n \in N$ 에 대해, $2^{n-1} \geq n$

1.23. $\frac{1}{3}+\frac{2}{3}\cdot\frac{1}{5}+\frac{2}{3}\cdot\frac{4}{5}\cdot\frac{1}{7}+\ldots+\frac{2}{3}\cdot\frac{4}{5}\cdot\frac{6}{7}\cdot\ldots\cdot\frac{100}{101}\cdot\frac{1}{103}<1$

1.24. (a) $0<a,b\le\frac{1}{2}$ 에 대해, $\frac{1-a}{1-b}+\frac{1-b}{1-a}\le\frac{a}{b}+\frac{b}{a}$

(b) $0<a_1,\ldots,a_n\le\frac{1}{2}$ 에 대해, $\sum_{i=1}^{n}\frac{1}{1-a_i}\sum_{i=1}^{n}(1-a_i)\le\sum_{i=1}^{n}\frac{1}{a_i}\sum_{i=1}^{n}a_i$

1.25. $n\in N$ 에 대해, $1+\frac{1}{2^3}+\ldots+\frac{1}{n^3}<\frac{5}{4}$

1.26. $0\le a\le 1, 0\le b\le 1$ 에 대해, $\frac{1}{1+a+b}\le 1-\frac{a+b}{2}+\frac{ab}{3}$

○ 증명

1.1.* $a^2+b^2-2ab=(a-b)^2\ge 0.$

1.2. 연습문제 1.1의 증명과 유사하게 증명할 수 있다.

$a+b-2\sqrt{ab}=\left(\sqrt{a}-\sqrt{b}\right)^2\ge 0$ 이다.

1.3. 연습문제 1.2의 부등식 양변에 $\frac{2\sqrt{ab}}{a+b}$ 을 곱하면, 주어진 부등식을 얻을 수 있다.

* 연습문제 1.1-1.6의 부등식에서 등호는 $a=b$인 경우에 성립한다.

1.4. 부등식 $2ab \le a^2 + b^2$ (연습문제 1.1)을 변형시켜, 다음을 얻을 수 있다:

$$a^2 + b^2 + 2ab \le 2a^2 + 2b^2, \quad \frac{(a+b)^2}{4} \le \frac{a^2+b^2}{2}, \quad \left|\frac{a+b}{2}\right| \le \sqrt{\frac{a^2+b^2}{2}},$$

$$\sqrt{\frac{a^2+b^2}{2}} \ge \frac{a+b}{2}$$

1.5. 연습문제 1.2와 1.3으로부터 얻어진다.

1.6. 연습문제 1.4의 부등식을 참고하여라.

1.7. 항등식 $a+b-1-ab=(a-1)(1-b)$ 와 조건 $b<1<a$ 로부터, 다음 부등식을 얻을 수 있다: $(a-1)(1-b)>0$

1.8. 부등식의 좌변과 우변의 차를 생각하자. 그러면 다음이 얻어진다.

$$a^2+b^2-c^2-(a+b-c)^2=(a^2-c^2)-\left((a+b-c)^2-b^2\right)$$

$$=(a-c)(a+c)-(a-c)(a+2b-c)=2(a-c)(c-b)>0$$

이때 조건 $b<c<a$ 에 의해 부등식이 성립한다.

1.9. (a) 부등식의 양변에 $ab>0$ 을 곱하면, 자명한 부등식 $a^2+b^2 \ge 2ab$ 이 얻어진다.

(b) 부등식 $a^2+b^2 \ge -2ab$ 의 양변을 $ab<0$ 로 나누면, 증명할 부등식이 얻어진다.

1.10. 조건에 의해 $x_1 \le x_1, \ldots, x_n \le x_n$ 이 성립하므로, $nx_1 \le x_1 + \ldots + x_n \le nx_n$ 이 얻어진다. 이로부터 $x_1 \le \frac{x_1 + \ldots + x_n}{n} \le x_n$ 이 성립한다.

1.11. 주어진 조건들로부터 $y_i \frac{x_1}{y_1} \le x_i \le y_i \frac{x_n}{y_n}$, $i = 1, \ldots, n$ 이 얻어진다.

이 부등식들을 더하면, $\frac{x_1}{y_1}(y_1 + \ldots + y_n) \le x_1 + \ldots + x_n \le \frac{x_n}{y_n}(y_1 + \ldots + y_n)$ 이 얻어진다. 이로부터 $\frac{x_1}{y_1} \le \frac{x_1 + \ldots + x_n}{y_1 + \ldots + y_n} \le \frac{x_n}{y_n}$ 이 유도된다.

1.12. $x_1 \le x_i \le x_n$, $i = 1, \ldots, n$ 이 성립한다. 이 부등식들을 서로 곱하면, $x_1^n \le x_1 \cdot \ldots \cdot x_n \le x_n^n$ 이 얻어진다. 이로부터 $x_1 \le (x_1 \cdot \ldots \cdot x_n)^{\frac{1}{n}} \le x_n$ 이 성립한다.

1.13. 만약 $a_1 + \ldots + a_n \ge 0$ 이면 $|a_1 + \ldots + a_n| = a_1 + \ldots + a_n$ 이 성립한다. 부등식 $a \le |a|$ 을 이용하면, $|a_1 + \ldots + a_n| = a_1 + \ldots + a_n \le |a_1| + \ldots + |a_n|$ 이 얻어진다. 만약 $a_1 + \ldots + a_n < 0$ 이면, $|a_1 + \ldots + a_n| = -a_1 - \ldots - a_n$ 이 된다. 부등식 $-a \le |a|$ 을 이용하면, $|a_1 + \ldots + a_n| = -a_1 - \ldots - a_n \le |a_1| + \ldots + |a_n|$ 이 얻어진다.

1.14. $$(a_1 + \ldots + a_n)\left(\frac{1}{a_1} + \ldots + \frac{1}{a_n}\right) = \left(\underbrace{\left(\frac{a_1}{a_2} + \frac{a_2}{a_1}\right) + \ldots + \left(\frac{a_{n-1}}{a_n} + \frac{a_n}{a_{n-1}}\right)}_{n(n-1)/2 \text{ 개의 항들}}\right) + n$$ 이

성립하므로, 연습문제 1.9(a)를 이용하면,

$\left(a_1+\ldots+a_n\right)\left(\dfrac{1}{a_1}+\ldots+\dfrac{1}{a_n}\right)\geq n+2\cdot\dfrac{n(n-1)}{2}=n^2$ 이 얻어진다.

이로부터 증명이 유도된다.

1.15. 주어진 부등식은 $(a+b)\sqrt{\dfrac{a+b}{2}}\geq 2\sqrt{ab}\cdot\dfrac{\sqrt{a}+\sqrt{b}}{2}$ 와 동치이며,

이 부등식은 연습문제 1.2의 부등식 $a+b\geq 2\sqrt{ab}$ 와 연습문제 1.6의 부등식 $\sqrt{\dfrac{a+b}{2}}\geq\dfrac{\sqrt{a}+\sqrt{b}}{2}$ 을 서로 곱하여 얻어진다.

1.16. $\dfrac{1}{2}(a+b)+\dfrac{1}{4}-\sqrt{\dfrac{a+b}{2}}=\left(\sqrt{\dfrac{a+b}{2}}-\dfrac{1}{2}\right)^2\geq 0$ 이므로,

$\dfrac{1}{2}(a+b)+\dfrac{1}{4}\geq\sqrt{\dfrac{a+b}{2}}$ 가 성립한다.

1.17. $a(x+y-a)-xy=ax-xy+a(y-a)=(y-a)(a-x)$ 이고

$y\geq a\geq x$ 이므로, $(y-a)(a-x)\geq 0$ 이 성립하고, $a(x+y-a)\geq xy$ 가 된다.

1.18. 연습문제 1.5의 부등식을 이용하면, $\dfrac{\dfrac{1}{x-1}+\dfrac{1}{x+1}}{2}>\dfrac{2}{(x-1)+(x+1)}$,

$\dfrac{1}{x-1}+\dfrac{1}{x+1}>\dfrac{2}{x}$ 가 얻어진다.

1.19. 연습문제 1.18의 부등식에 의해,

$\frac{1}{3k+1}+\frac{1}{3k+3}=\frac{1}{(3k+2)-1}+\frac{1}{(3k+2)+1}>\frac{2}{3k+2}$ 가 성립하며,

$\frac{1}{3k+1}+\frac{1}{3k+2}+\frac{1}{3k+3}>\frac{3}{3k+2}$ 이 된다.

이제 $\frac{3}{3k+2}>\frac{1}{2k+1}+\frac{1}{2k+2}$ 을 증명하자.

$\frac{1}{2k+1}+\frac{1}{2k+2}-\frac{3}{3k+2}=\frac{-k}{(2k+1)(2k+2)(3k+2)}<0$ 이다.

1.20. 주어진 부등식은 부등식 $\left(\frac{2}{a+b}-1\right)^2\le\left(\frac{1}{a}-1\right)\left(\frac{1}{b}-1\right)$ 과 동치이다.

$$\left(\frac{1}{a}-1\right)\left(\frac{1}{b}-1\right)-\left(\frac{2}{a+b}-1\right)^2=\frac{1}{ab}-\frac{1}{a}-\frac{1}{b}-\frac{4}{(a+b)^2}+\frac{4}{a+b}$$

$$=\frac{1}{ab}-\frac{4}{(a+b)^2}+\frac{4}{a+b}-\frac{a+b}{ab}=\frac{(a-b)^2}{ab(a+b)^2}-\frac{(a-b)^2}{ab(a+b)}$$

$=\frac{(a-b)^2(1-(a+b))}{ab(a+b)^2}$ 이고, $0<a\le\frac{1}{2}$, $0<b\le\frac{1}{2}$ 이므로,

$\frac{(a-b)^2(1-(a+b))}{ab(a+b)^2}\ge 0$ 이 된다. 결국 $\left(\frac{2}{a+b}-1\right)^2\le\left(\frac{1}{a}-1\right)\left(\frac{1}{b}-1\right)$ 이 성립한다.

1.21. 주어진 부등식은 $(2k+1)\sqrt{3k+4}<(2k+2)\sqrt{3k+1}$ 과 동치이고, 부등식 $(2k+1)^2(3k+4)<(2k+2)^2(3k+1)$ 과 동치이다. 이때 마지막 부등식은 $(2k+2)^2(3k+1)-(2k+1)^2(3k+4)=k>0$ 이므로 성립한다.

1.22. $1<2<2^2<....<2^{n-1}$ 이고 자연수 $1,2,2^2,...,2^{n-1}$ 의 개수가 n 이므로, $2^{n-1}\geq n$ 이 성립한다.

1.23. 토끼가 당근 하나를 가지고 있다고 하자. 첫째 날에 토끼는 당근의 $\frac{1}{3}$ 을 먹고, 둘째 날에는 남은 당근의 $\frac{1}{5}$ 을 먹고, 51번째 날에는 남은 당근의 $\frac{1}{103}$ 을 먹었다. 매일 당근을 남겼으므로, 토끼가 먹은 당근의 부분들의 합은 1보다 작아야 한다. 첫째 날에 토끼는 당근의 $\frac{1}{3}$ 을 먹고, 둘째 날에는 당근의 $\frac{2}{3}\cdot\frac{1}{5}$ 을 먹고, 51번째 날에는 당근의 $\frac{2}{3}\cdot\frac{4}{5}\cdot...\cdot\frac{100}{101}\cdot\frac{1}{103}$ 을 먹었다. 이로부터 다음을 알 수 있다.

$$\frac{1}{3}+\frac{2}{3}\cdot\frac{1}{5}+\frac{2}{3}\cdot\frac{4}{5}\cdot\frac{1}{7}+...+\frac{2}{3}\cdot\frac{4}{5}\cdot...\cdot\frac{98}{99}\cdot\frac{100}{101}\cdot\frac{1}{103}<1$$

1.24. (a) 연습문제 1.20의 부등식을 이용하여, 다음을 얻을 수 있다.

$$\frac{((1-a)+(1-b))^2}{(1-a)(1-b)}\leq\frac{(a+b)^2}{ab} \quad 또는 \quad \frac{1-a}{1-b}+\frac{1-b}{1-a}\leq\frac{a}{b}+\frac{b}{a}$$

다른 증명.

$1-a\geq a$, $1-b\geq b$ 를 생각하자. 그러면

$$\frac{1-a}{1-b}+\frac{1-b}{1-a}=\frac{(1-a)^2+(1-b)^2}{(1-a)(1-b)}=\frac{((1-a)-(1-b))^2+2(1-a)(1-b)}{(1-a)(1-b)}$$

$$=\frac{(a-b)^2}{(1-a)(1-b)}+2\leq\frac{(a-b)^2}{ab}+2=\frac{a}{b}+\frac{b}{a}$$ 이고, 그러므로

$\frac{1-a}{1-b}+\frac{1-b}{1-a}\le\frac{a}{b}+\frac{b}{a}$가 된다.

(b) $$\sum_{i=1}^{n}\frac{1}{1-a_i}\sum_{i=1}^{n}(1-a_i)=\underbrace{\left(\frac{1-a_1}{1-a_2}+\frac{1-a_2}{1-a_1}\right)+\ldots+\left(\frac{1-a_{n-1}}{1-a_n}+\frac{1-a_n}{1-a_{n-1}}\right)}_{n(n-1)/2\text{ 개의 가수}}+n$$ 이므로,

연습문제 1.24(a)의 부등식을 이용하면, 다음을 얻을 수 있다.

$$\sum_{i=1}^{n}\frac{1}{1-a_i}\sum_{i=1}^{n}(1-a_i)\le\underbrace{\left(\frac{a_1}{a_2}+\frac{a_2}{a_1}\right)+\ldots+\left(\frac{a_{n-1}}{a_n}+\frac{a_n}{a_{n-1}}\right)}_{n(n-1)/2\text{ 개의 가수}}+n=\sum_{i=1}^{n}\frac{1}{a_i}\sum_{i=1}^{n}a_i$$

1.25. 만약 $n\ge 4$ 이면, $k\in N$ 에 대해 $\frac{k}{(k+1)^3}>\frac{1}{(k+2)^2}$ 이므로, 다음이 성립한다.

$$1+\frac{1}{2^3}+\ldots+\frac{1}{n^3}=1+\frac{2-1}{2^3}+\ldots+\frac{n-(n-1)}{n^3}$$
$$=\frac{5}{4}-(\frac{1}{2^3}-\frac{1}{3^2})-(\frac{2}{3^3}-\frac{1}{4^2})-\ldots-\frac{n-1}{n^3}<\frac{5}{4}$$

1.26. $(1-a)(1-b)\ge 0$ 이므로, $a+b-1\le ab$ 이다. 이때

$\frac{1}{1+a+b}-(1-\frac{a+b}{2})=\frac{a+b}{2(1+a+b)}\le\frac{1}{3}ab$ 이 성립한다.

○ 내 힘으로 해결하기

다음 부등식을 증명하여라(1-32).

1. $|x|<1,\ |y|<1$ 에 대해, $|x-y|<|1-xy|$

2. $\dfrac{\sin x-1}{\sin x-2}+\dfrac{1}{2}\geq\dfrac{2-\sin x}{3-\sin x}$

3. $a>0,\ b>0,\ c>0$ 에 대해, $\dfrac{a}{bc}+\dfrac{b}{ca}+\dfrac{c}{ab}\geq\dfrac{2}{a}+\dfrac{2}{b}-\dfrac{2}{c}$

4. $a^2+b^2+c^2=\dfrac{5}{3}$, $a>0,\ b>0,\ c>0$ 에 대해, $\dfrac{1}{a}+\dfrac{1}{b}-\dfrac{1}{c}<\dfrac{1}{abc}$

5. $3\left(1+a^2+a^4\right)\geq\left(1+a+a^2\right)^2$

6. $a+b=4$, $c+d=6$ 에 대해, $(ac+bd)^2+(ad-bc)^2\geq 144$

7. $x_1^2+x_2^2+\ldots+x_{2n}^2+na^2\geq a\sqrt{2}\left(x_1+x_2+\ldots+x_{2n}\right)$

8. $a>0,\ b>0,\ c>0$ 에 대해, $\dfrac{1}{a+b}+\dfrac{1}{b+c}+\dfrac{1}{a+c}\leq\dfrac{\sqrt{a}+\sqrt{b}+\sqrt{c}}{2\sqrt{abc}}$

9. $0<a<b<c$ 에 대해, $a^3\left(b^2-c^2\right)+b^3\left(c^2-a^2\right)+c^3\left(a^2-b^2\right)<0$

10. $a\geq b\geq c>0$ 에 대해, $a^3b+b^3c+c^3a\geq a^2b^2+b^2c^2+a^2c^2$

11. $0<x\leq y\leq z$ 에 대해, $\dfrac{y}{x}+\dfrac{y}{z}+\dfrac{x+z}{y}\leq\dfrac{(x+z)^2}{xz}$

12. $n \geq 2,\ a \geq 2,\ n \in N$ 에 대해,

$$\sqrt{1+\sqrt{a}}+\sqrt{1+\sqrt{a+\sqrt{a^2}}}+\ldots+\sqrt{1+\sqrt{a+\ldots+\sqrt{a^n}}}<na$$

13. (a) $\tan\alpha = n\tan\beta,\quad n>0$ 에 대해, $\tan^2(\alpha-\beta) \leq \dfrac{(n-1)^2}{4n}$

(b) $0 \leq \alpha \leq \dfrac{\pi}{2},\quad 0 \leq \beta \leq \dfrac{\pi}{2}$ 에 대해, $1+\cos(\alpha-\beta) \geq \cos\alpha+\cos\beta$

14. $[a]$는 수 a의 정수부분이라 할 때, $[5x] \geq [x]+\dfrac{[2x]}{2}+\dfrac{[3x]}{3}+\dfrac{[4x]}{4}+\dfrac{[5x]}{5}$

15. $n \in N$ 에 대해, $(n!)^2 \geq n^n$

16. $x^6+x^5+4x^4-12x^3+4x^2+x+1 \geq 0$

17. $\alpha>1,\ \beta>1,\ \gamma>1,\quad \alpha^2 \geq \beta\gamma$ 에 대해, $\log^2\alpha \geq \log\beta\log\gamma$

18. $\log_4 5+\log_5 6+\log_6 7+\log_7 8>4.4$

19. $n \in N$ 에 대해, $\dfrac{1}{3}+\ldots+\dfrac{n}{3\cdot 5\cdot\ldots\cdot(2n+1)}<\dfrac{1}{2}$

20. $n \geq 2,\ n \in N$ 에 대해, $\dfrac{2^3+1}{2^3-1}\cdot\ldots\cdot\dfrac{n^3+1}{n^3-1}<\dfrac{3}{2}$

21. $n \in N$ 에 대해, $1 \cdot 1! + \ldots + n \cdot n! < (n+1)!$

22. $n \geq 2,\ n \in N$ 에 대해, $\left(1+\frac{1}{2^2}\right)\left(1+\frac{1}{3^2}\right)\ldots\left(1+\frac{1}{n^2}\right) < 2$

23. $1 < p_1 < p_2 \ldots < p_n,\ \ p_i \in N,\ \ i = 1, \ldots, n$ 에 대해,

$$\left(1-\frac{1}{p_1^2}\right)\left(1-\frac{1}{p_2^2}\right)\ldots\left(1-\frac{1}{p_n^2}\right) > \frac{1}{2}$$

24. $\frac{1}{2}-\frac{1}{3}+\frac{1}{4}-\frac{1}{5}+\ldots-\frac{1}{999}+\frac{1}{1000} < \frac{2}{5}$

25. $(\sin x + 2\cos 2x)(2\sin 2x - \cos x) < 4.5$

26. (a) $a \geq 0,\ b \geq 0$ 에 대해, $\frac{a+b}{1+a+b} \leq \frac{a}{1+a}+\frac{b}{1+b}$

(b) $a \geq 0,\ b \geq 0$ 에 대해, $\frac{a+b}{2+a+b} \geq \frac{1}{2}\left(\frac{a}{1+a}+\frac{b}{1+b}\right)$

(c) $i_1, \ldots, i_n$ 는 수 $1, \ldots, n$ 의 치환이고 $a_i, b_i > 0,\ i = 1, \ldots, n$ 이라 할 때,

$$n \leq \frac{a_1+b_1}{a_1+b_1+2}+\ldots+\frac{a_n+b_n}{a_n+b_n+2}+\frac{\frac{1}{a_1}+\frac{1}{b_{i_1}}}{\frac{1}{a_1}+\frac{1}{b_{i_1}}+2}+\ldots+\frac{\frac{1}{a_n}+\frac{1}{b_{i_n}}}{\frac{1}{a_n}+\frac{1}{b_{i_n}}+2} < 2n$$

27. $a_i \ge 0,\ i=1,\ldots,n$ 에 대해, $\displaystyle\sum_{i=1}^{n}\frac{a_1+2a_2+\ldots+ia_i}{i^2} \le 2\sum_{i=1}^{n}a_i$

28. $\dfrac{1}{a}+\dfrac{1}{b}+\dfrac{1}{c}<1,\quad a,b,c\in\mathrm{N}$ 에 대해, $\dfrac{1}{a}+\dfrac{1}{b}+\dfrac{1}{c}\le\dfrac{41}{42}$

29. $x,y,z>0$ 에 대해, $\dfrac{4x}{y+z}+\dfrac{y}{x+z}+\dfrac{z}{x+y}>2$

30. $a>0, b>0, c>0, d>0$ 에 대해,

$$1<\frac{a}{a+b+d}+\frac{b}{a+b+c}+\frac{c}{b+c+d}+\frac{d}{a+c+d}<2$$

31. $a,b,c,d\ge\dfrac{1}{2}$ 이고 $a^2+b>c^2+d,\ a+b^2>c+d^2$ 에 대해, $a+b>c+d$

참고. 만약 $a+b\le c+d$ 이면 $a\le c$ 또는 $b\le d$ 이다. $a\le c$ 일 때, $b-d>(c-a)(c+a)\ge c-a$ 이다.

32. $0\le a\le b\le c\le 3$ 에 대해,

$$(b-a)(9-a^2)+(c-a)(9-b^2)+(c-b)(9-c^2)\le 24\sqrt{2}$$

참고. 다음이 성립한다.

$$(b-a)(9-a^2)+(c-a)(9-b^2)+(c-b)(9-c^2)$$
$$\le 9b+c(9-b^2)+(c-b)(9-c^2)$$
$$=18c-c^3+bc(c-b)\le 18c-c^3+\frac{1}{4}c^3=18c-\frac{3}{4}c^3$$

33. 만약 $0<a,b,c<1$ 이면, 수들 $(1-a)b,\ (1-b)c,\ (1-c)a$ 중의 하나는 $\frac{1}{4}$ 을 넘지 않는다는 것을 증명하여라.

34. $a>0,\ b>0,\ c>0$ 이고 $a+b+c=1$ 라 하자. 이때 다음을 증명하여라.

(a) $\sqrt{a+\frac{1}{4}(b-c)^2}+\sqrt{b+\frac{1}{4}(c-a)^2}+\sqrt{c+\frac{1}{4}(b-a)^2}\le 2$

(b) $\sqrt{a+\frac{1}{4}(b-c)^2}+\sqrt{b}+\sqrt{c}\le\sqrt{3}$

참고. (a) 만약 $x,y,z>0$ 이고 $x+y+z=1$ 이면, $\sqrt{x+\frac{1}{4}(y-z)^2}\le x+\frac{y+z}{2}$

35. $a>0,\ b>0$ 일 때에 식 $\frac{a^4}{b^4}+\frac{b^4}{a^4}-\frac{a^2}{b^2}-\frac{b^2}{a^2}+\frac{a}{b}+\frac{b}{a}$ 의 최솟값을 구하여라.

02
Sturm 방법의 활용

독일의 수학자 Sturm에 의해 고안된 방법을 활용하면, 일정한 조건에서 부등식들을 평가할 수 있다. 이 방법을 이용하여 다양한 부등식들을 증명하자.

예제

2.1. 양수 $x_1, \dots, x_n$ $(n \geq 2)$ 의 곱이 1이라 할 때, 부등식 $x_1 + \dots + x_n \geq n$ 을 증명하여라.

증명. 만약 $x_1 = \dots = x_n = 1$ 이면, $x_1 + \dots + x_n = n$ 이다.

이 수들 중에서 서로 같지 않은 수가 적어도 두 개가 존재한다고 하자. 그러면 수 $x_1, \dots, x_n$ 중에서 하나는 1보다 크고 다른 하나는 1보다 작은 두 수를 찾을 수 있다(연습문제 1.12). 이 수들을 x_1, x_2 라 하고 $x_1 < 1 < x_2$ 라 하자.

이제 $x_1 + x_2 > 1 + x_1x_2$ 을 생각하자(연습문제 1.7).

이와 같이, 주어진 수들을 $1, x_1x_2, x_3, \dots, x_n$ 으로 바꾸면, 이들의 곱은 1이지만, 이들의 합은 $1 + x_1x_2 + x_3 + \dots + x_n < x_1 + \dots + x_n$ 이 된다.

이러한 방법을 얻어진 수들 $1, x_1x_2, x_3, \dots, x_n$ 에 적용하면, 두 수가 1인 새로운 수열을 얻을 수 있다. 이러한 방법을 $n-1$ 번 이상 사용하면, $n-1$ 개의 항이 1이며, n 번째 항 $x_1 \cdot \dots \cdot x_n$ 인, 즉 다시 1이 되는 그러한 수열을 얻을 수 있다.

이와 같이, $n < x_1 + x_2 + \ldots + x_n$ 을 얻을 수 있다. 증명으로부터 부등식은 $x_1 = \ldots = x_n = 1$ 인 경우에만 등호가 성립한다는 것을 알 수 있다.

예제

2.2. 수 $x_1, \ldots, x_n$ $(n \geq 2)$ 의 합이 1이라 할 때, 부등식 $x_1^2 + \ldots + x_n^2 \geq \frac{1}{n}$ 을 증명하여라.

증명. 만약 $x_1 = \ldots = x_n = \frac{1}{n}$ 이면, $x_1^2 + \ldots + x_n^2 = \frac{1}{n}$ 이다. 이 수들 중에서 서로 같지 않은 수가 적어도 두 개 존재한다고 하자. 그러면 이 수들 중에서 하나는 $\frac{1}{n}$ 보다 크고 하나는 $\frac{1}{n}$ 보다 작은 두 수를 찾을 수 있다(연습문제 1.10).

이 수를 x_1, x_2 라 하고, $x_1 < \frac{1}{n}$ 이고 $x_2 > \frac{1}{n}$ 이라 하자.

이제 x_1 을 $\frac{1}{n}$ 로 바꾸고 x_2 를 $x_1 + x_2 - \frac{1}{n}$ 로 바꾸면, 새로운 수열 $\frac{1}{n}$, $x_1 + x_2 - \frac{1}{n}$, $x_3, \ldots, x_n$ 을 얻을 수 있는데, 이들의 합은 1이다. 그리고 $x_1^2 + x_2^2 > \left(\frac{1}{n}\right)^2 + \left(x_1 + x_2 - \frac{1}{n}\right)^2$ 이므로(연습문제 1.8), 다음이 성립한다.

$$x_1^2 + \ldots + x_n^2 > \left(\frac{1}{n}\right)^2 + \left(x_1 + x_2 - \frac{1}{n}\right)^2 + x_3^2 + \ldots + x_n^2$$

이러한 조작을 유한 번 반복하면, 모든 항이 $\frac{1}{n}$ 이고 제곱의 합이 수 $x_1, \ldots, x_n$ 의 제곱의 합보다 작은 수열을 얻을 수 있다. 즉 다음이 성립한다.

$$x_1^2 + \ldots + x_n^2 > \left(\frac{1}{n}\right)^2 + \ldots + \left(\frac{1}{n}\right)^2 = \frac{1}{n}$$

이 부등식에서 등호는 $x_1 = \ldots = x_n = \dfrac{1}{n}$ 일 때만 성립한다는 것을 알 수 있다.

연습문제

다음 부등식들을 증명하여라(2.1-2.6).

2.1. $n \geq 2,\ x_i > 0,\ i = 1, \ldots, n$ 에 대해, $\dfrac{x_1 + \ldots + x_n}{n} \geq \sqrt[n]{x_1 \cdot \ldots \cdot x_n}$

2.2. $\sqrt{\dfrac{x_1^2 + \ldots + x_n^2}{n}} \geq \dfrac{x_1 + \ldots + x_n}{n}$

2.3. $n \geq 2,\ x_i > 0,\ i = 1, \ldots, n$, $x_1 + \ldots + x_n = 1$ 에 대해,

$$\frac{(1 - x_1) \cdot \ldots \cdot (1 - x_n)}{x_1 \cdot \ldots \cdot x_n} \geq (n-1)^n$$

2.4. $n \geq 2,\ x_1 \geq 1, \ldots, x_n \geq 1$ 에 대해, $\dfrac{1}{1 + x_1} + \ldots + \dfrac{1}{1 + x_n} \geq \dfrac{n}{1 + \sqrt[n]{x_1 \ldots x_n}}$

2.5. $a \geq 0, b \geq 0, c \geq 0, d \geq 0$, $a + b + c + d = 1$ 에 대해,

$$abc + bcd + cda + dab \leq \frac{1}{27} + \frac{176}{27} abcd$$

2.6. $x \ge 0,\ y \ge 0,\ z \ge 0$, $x+y+z=1$에 대해, $0 \le xy+yz+zx-2xyz \le \frac{7}{27}$

2.7. 주어진 원에 내접하며 $75°$를 넘지 않는 각들을 가지는 삼각형들 중에서 둘레가 다음과 같은 삼각형을 찾아라.

(a) 둘레가 최대이다.

(b) 둘레가 최소이다.

2.8. (a) 임의의 수 α, β에 대해, 부등식 $\alpha f(a)+\beta f(b) \ge f(\alpha a+\beta b)$가 성립한다. 이때 $\alpha \ge 0,\ \beta \ge 0,\ \alpha+\beta=1$이며, a,b는 영역 $D(f)=I$의 임의의 수이다. 그리고 $x_1,\dots,x_n,y_1,\dots,y_n \in I$는 다음 조건을 만족시킨다.

$y_1 \ge \dots \ge y_n,\ y_1 \le x_1,\ y_1+y_2 \le x_1+x_2,\ \dots,\ y_1+\dots+y_{n-1} \le x_1+\dots+x_{n-1},$

$y_1+\dots+y_n = x_1+\dots+x_n$

이때 $f(y_1)+f(y_2)+\dots+f(y_n) \le f(x_1)+f(x_2)+\dots+f(x_n)$을 증명하여라. 문제의 조건에서 $\alpha f(a)+\beta f(b) \ge f(\alpha a+\beta b)$를 $\alpha f(a)+\beta f(b) \le f(\alpha a+\beta b)$로 바꾸면, $f(y_1)+f(y_2)+\dots+f(y_n) \ge f(x_1)+f(x_2)+\dots+f(x_n)$이 성립함을 증명하여라.

(b) $\alpha,\beta \ge 0, \alpha+\beta=1$인 수 α, β에 대해 $\alpha f(a)+\beta f(b) \ge f(\alpha a+\beta b)$이 성립하며, a,b는 구간 I의 임의의 수이다. 이때 구간 I의 임의의 수 x,y,z에 대해, 다음 부등식을 증명하여라.

$$f(x)+f(y)+f(z)+3f\left(\frac{x+y+z}{3}\right) \ge 2f\left(\frac{x+y}{2}\right)+2f\left(\frac{y+z}{2}\right)+2f\left(\frac{z+x}{2}\right)$$

2.9. 수 $x_1, \dots, x_{1997}$ 이 다음 조건을 만족시킨다. 이때 식 $x_1^{12}+\dots+x_{1997}^{12}$ 의 최댓값을 구하여라.

(a) $-\dfrac{1}{\sqrt{3}} \le x_i \le \sqrt{3}, \quad i=1,\dots,1997$

(b) $x_1+\dots+x_{1997}=-318\sqrt{3}$

2.10. $n\ge 2$, $0\le \alpha_i < \dfrac{\pi}{2}$, $i=1,2,\dots,n$ 일 때에 다음 부등식을 증명하여라.

$$\cos\alpha_1\cos\alpha_2\dots\cos\alpha_n(\tan\alpha_1+\dots+\tan\alpha_n)\le \frac{(n-1)^{\frac{n-1}{2}}}{n^{\frac{n-2}{2}}}$$

2.11. $k\ge 2,\ \ k\in N$, $a_k=\max\limits_{[0;1]}(x^k(1-x)+(1-x)^k x),\ \ x_i\ge 0,\ \ i=1,\dots,n,$

$x_1+\dots+x_n=1,\ \ n\ge 2$ 에 대해, $\sum\limits_{i=1}^{n} x_i^k(1-x_i)\le a_k$ 을 증명하여라.

2.12. 다음 부등식을 증명하여라.

(a) $n\ge 2,\ x_1\ge 0,\ \dots,\ x_n\ge 0$, $x_1+x_2+\dots+x_n=1$ 에 대해,

$$2(n-1)(x_1x_2+x_1x_3+\dots+x_1x_n+x_2x_3+\dots+x_2x_n+\dots+x_{n-1}x_n)$$
$$-n^{n-1}x_1x_2\cdot\dots\cdot x_n\le n-2$$

(b) $n\ge 2,\ \ x_1\ge 0,\ \dots,\ x_n\ge 0$ 에 대해,

$$\frac{x_1+x_2+\dots+x_n}{n}-\sqrt[n]{x_1x_2\cdot\dots\cdot x_n}\le$$
$$\frac{\left(\sqrt{x_1}-\sqrt{x_2}\right)^2+\left(\sqrt{x_1}-\sqrt{x_3}\right)^2+\dots+\left(\sqrt{x_1}-\sqrt{x_n}\right)^2+\dots+\left(\sqrt{x_{n-1}}-\sqrt{x_n}\right)^2}{n}$$

(c) $n \ge 2,\ x_1 \ge 0,\ \dots,\ x_n \ge 0$ 에 대해,

$$(n-1)(x_1^{\ 2} + x_2^{\ 2} + \dots + x_n^{\ 2}) + n\sqrt[n]{x_1^{\ 2} x_2^{\ 2} \cdot \dots \cdot x_n^{\ 2}} \ge (x_1 + x_2 + \dots + x_n)^2$$

◎ 증명

2.1. 곱이 1인 수들 $\dfrac{x_1}{\sqrt[n]{x_1 \cdot \dots \cdot x_n}}, \cdots, \dfrac{x_n}{\sqrt[n]{x_1 \cdot \dots \cdot x_n}}$ 을 생각하자. 그러면 예제 2.1에 의해 다음이 성립한다.

$$\frac{x_1}{\sqrt[n]{x_1 \cdot \dots \cdot x_n}} + \dots + \frac{x_n}{\sqrt[n]{x_1 \cdot \dots \cdot x_n}} \ge n \quad \text{또는} \quad \frac{x_1 + \dots + x_n}{n} \ge \sqrt[n]{x_1 \cdot \dots \cdot x_n} \tag{2.1}$$

어렵지 않게, 주어진 부등식에서 등호는 $x_1 = \dots = x_n$ 일 때에 성립한다는 것을 알 수 있다. 부등식 (2.1)은 코시 부등식으로 잘 알려져 있다.

2.2. 합이 1인 수들 $\dfrac{x_1}{x_1 + \dots + x_n}, \cdots, \dfrac{x_n}{x_1 + \dots + x_n}$ 을 생각하자. 그러면 예제 2.2에 의해 다음이 성립한다.

$$\left(\frac{x_1}{x_1 + \dots + x_n}\right)^2 + \dots + \left(\frac{x_n}{x_1 + \dots + x_n}\right)^2 \ge \frac{1}{n} \quad \text{또는}$$

$$\frac{x_1^2 + x_2^2 + \dots + x_n^2}{n} \ge \left(\frac{x_1 + x_2 + \dots + x_n}{n}\right)^2 \tag{2.2}$$

이로부터 주어진 부등식이 얻어진다. 부등식 (2.2)는 $x_1 = \dots = x_n$ 일 때에 등호가 성립한다.

2.3. $x_1+\ldots+x_n=1$ 이므로, 연습문제 1.10에 의해 하나는 $\frac{1}{n}$ 보다 크지 않고 하나는 $\frac{1}{n}$ 보다 작지 않은 두 수를 찾을 수 있다. 편의상 $x_1 \le \frac{1}{n} \le x_2$ 라 하자. x_1 을 $\frac{1}{n}$ 로, x_2 를 $x_1+x_2-\frac{1}{n}$ 이라 놓으면, 수 $\frac{1}{n}$, $x_1+x_2-\frac{1}{n}$, x_3, ... , x_n 을 얻을 수 있고, 이로부터 다음을 알 수 있다.

$$\frac{(1-x_1)\cdot\ldots\cdot(1-x_n)}{x_1\cdot\ldots\cdot x_n} \ge \frac{\left(1-\frac{1}{n}\right)\left(1-x_1-x_2+\frac{1}{n}\right)\cdot\ldots\cdot(1-x_n)}{\frac{1}{n}\left(x_1+x_2-\frac{1}{n}\right)\cdot\ldots\cdot x_n}$$

왜냐 하면, $\frac{(1-x_1)(1-x_2)}{x_1x_2} \ge \frac{\left(1-\frac{1}{n}\right)\left(1-x_1-x_2+\frac{1}{n}\right)}{\frac{1}{n}\left(x_1+x_2-\frac{1}{n}\right)}$ (연습문제 1.17)이고

$\frac{(1-x_1)(1-x_2)}{x_1x_2} = 1+\frac{1-(x_1+x_2)}{x_1x_2}$ 이다.

이러한 조작을 유한 번 반복하면, n 개의 수를 얻을 수 있으며, 이들 각각은 $\frac{1}{n}$ 과 같다. 이 수들에 대해, $(n-1)^n$ 과 같은 부등식의 좌변은 $\frac{(1-x_1)\cdot\ldots\cdot(1-x_n)}{x_1\cdot\ldots\cdot x_n}$ 보다 크지 않다.

2.4. $\sqrt[n]{x_1\cdot\ldots\cdot x_n}=m$ 이라 하자. 연습문제 1.12에 의해, $x_1 \le m \le x_2$ 라 할 수 있고 결국 수 m, $\frac{x_1x_2}{m}$, x_3, ... , x_n 에 대해 다음 부등식이 성립한다.

$$\frac{1}{1+x_1}+\ldots+\frac{1}{1+x_n}\geq\frac{1}{1+m}+\frac{1}{1+\frac{x_1x_2}{m}}+\ldots+\frac{1}{1+x_n}$$

왜냐 하면, $\frac{1}{1+x_1}+\frac{1}{1+x_2}\geq\frac{1}{1+m}+\frac{1}{1+\frac{x_1x_2}{m}}$ (연습문제 1.17)이고

$\frac{1}{1+x_1}+\frac{1}{1+x_2}=1+\frac{1-x_1x_2}{1+x_1+x_2+x_1x_2}$ 이다.

유한 번의 단계를 거쳐, 다음이 얻어진다.

$$\frac{1}{1+x_1}+\ldots+\frac{1}{1+x_n}\geq\underbrace{\frac{1}{1+m}+\ldots+\frac{1}{1+m}}_{n}=\frac{n}{1+\sqrt[n]{x_1\cdot\ldots\cdot x_n}}$$

2.5. 만약 $a=b=c=d=\frac{1}{4}$ 이면, 등식이 성립한다. $a<\frac{1}{4}<b$ 라 하자. 두 가지 경우를 생각하자.

(a) $c+d-\frac{176}{27}cd<0$ 인 경우.

연습문제 2.1을 이용하면, 다음을 알 수 있다.

$$A=ab\left(c+d-\frac{176}{27}cd\right)+cd(a+b)\leq cd(a+b)\leq\left(\frac{c+d+(a+b)}{3}\right)^3=\frac{1}{27}$$

(b) $c+d-\frac{176}{27}cd\geq 0$ 인 경우.

다음을 알 수 있다.

$$A\leq\frac{1}{4}\left(a+b-\frac{1}{4}\right)\left(c+d-\frac{176}{27}cd\right)+cd\left(\frac{1}{4}+\left(a+b-\frac{1}{4}\right)\right)$$

이와 같이, 수 $a_1=\frac{1}{4},\ b_1=a+b-\frac{1}{4},\ c_1=c,\ d_1=d$ 에 대해 부등식을 증명해야 한다.

유사한 방법으로, 수 a_1,b_1,c_1,d_1 에 대해 부등식을 증명하거나 또는 a_1,b_1,c_1,d_1 중의 두 수가 $\frac{1}{4}$ 인 경우에 대해 부등식을 증명해야 한다. 결국 모든 수가 $\frac{1}{4},\frac{1}{4},\frac{1}{4},\frac{1}{4}$ 인 경우에 대해 부등식을 증명해야 하는 것으로 귀착하게 된다. 이러한 경우에 부등식은 자명하다.

2.6. $x\ge y\ge z$ 라 하면 $y\le\frac{1}{2}$ 이고, 결국 다음이 성립한다.

$$0\le y(x+z)+xz(1-2y)\le y\left(\frac{1}{3}+\left(x+z-\frac{1}{3}\right)\right)+\frac{1}{3}\left(x+z-\frac{1}{3}\right)(1-2y)$$

이처럼 식 $xy+yz+xz-2xyz$ 에서 수 x,y,z 를 $\frac{1}{3},\ y,\ x+z-\frac{1}{3}$ 로 바꾸면, 이 식의 값은 감소되지 않는다. 이 조작을 반복하면, 수 $\frac{1}{3},\ y,\ x+z-\frac{1}{3}$ 을 $\frac{1}{3},\ \frac{1}{3},\ \frac{1}{3}$ 로 바꿀 수 있다. 결국 $xy+yz+xz-2xyz\le\frac{1}{9}+\frac{1}{9}+\frac{1}{9}-\frac{2}{27}=\frac{7}{27}$ 이다.

2.7. 사인정리에 의해, $p=a+b+c=2R(\sin\alpha+\sin\beta+\sin\gamma)$ 이다.

(a) 정삼각형이 최대의 둘레를 가진다는 것을 증명하자.

만약 삼각형이 정삼각형이 아니라고 하면, $\alpha>\frac{\pi}{3}>\beta$ 라 할 수 있다. 이제 다음을 증명하자.

$$\sin\alpha+\sin\beta+\sin(\alpha+\beta)<\sin\frac{\pi}{3}+\sin\left(\alpha+\beta-\frac{\pi}{3}\right)+\sin(\alpha+\beta)$$

다음이 성립한다.

$$\sin\alpha+\sin\beta-\sin\frac{\pi}{3}-\sin\left(\alpha+\beta-\frac{\pi}{3}\right)$$

$$=2\sin\frac{\alpha-\pi/3}{2}\cos\frac{\alpha+\pi/3}{2}-2\sin\frac{\alpha-\pi/3}{2}\cos\frac{\alpha+2\beta-\pi/3}{2}$$

$$=2\sin\frac{\alpha-\pi/3}{2}\left(-2\sin\frac{2\pi/3-2\beta}{4}\sin\frac{\alpha+\beta}{2}\right)$$

$$=4\sin\frac{\alpha-\pi/3}{2}\sin\frac{\beta-\pi/3}{2}\sin\frac{\alpha+\beta}{2}<0$$

결국 α,β,γ 를 각으로 가지는 삼각형의 둘레는 $\frac{\pi}{3},\ \alpha+\beta-\frac{\pi}{3},\ \gamma$ 를 각으로 가지는 삼각형의 둘레보다 작다. 만약 $\gamma\neq\frac{\pi}{3}$ 이면, $\frac{\pi}{3},\ \alpha+\beta-\frac{\pi}{3},\ \gamma$ 를 각으로 가지는 삼각형의 둘레는 $\frac{\pi}{3},\frac{\pi}{3},\frac{\pi}{3}$ 를 각으로 가지는 삼각형의 둘레보다 작다.

(b) $75^0,75^0,30^0$ 를 각으로 가지는 삼각형이 최소의 둘레를 가진다는 것을 증명하자. 이를 위해 α,β,γ 를 각으로 가지는 삼각형의 둘레는 $75^0,\ \alpha+\beta-75^0,\ \gamma$ 를 각으로 가지는 삼각형의 둘레보다 작지 않다는 것을 증명하면 된다.

다음이 성립한다.

$$\sin\alpha+\sin\beta-\sin 75^0-\sin\left(\alpha+\beta-75^0\right)$$

$$=\left(\sin\alpha-\sin 75^0\right)+\left(\sin\beta-\sin\left(\alpha+\beta-75^0\right)\right)$$

$$= 2\sin\frac{\alpha-75^0}{2}\cos\frac{\alpha+75^0}{2} - 2\sin\frac{\alpha-75^0}{2}\cos\frac{\alpha+2\beta-75^0}{2}$$

$$= 4\sin\frac{\alpha-75^0}{2}\sin\frac{\beta-75^0}{2}\sin\frac{\alpha+\beta}{2} \ge 0$$

그러므로 $\sin 75^0 + \sin\left(\alpha+\beta-75^0\right) \le \sin\alpha + \sin\beta$ 이다.

그리고 $0^0 < \alpha \le 75^0$, $0 < \beta \le 75^0$ 이다.

2.8. (a) 만약 $x_i = y_i$, $i = 1,\dots,n$ 이면, $f(x_1)+\dots+f(x_n) = f(y_1)+\dots+f(y_n)$ 이다. 어떤 i 에 대해 $x_i \ne y_i$ 라 하자. 조건들로부터 만약 m 이 $x_m \ne y_m$ 인 최소 번호이면, $y_m < x_m$ 이다. j 를 $y_j < x_j$ 인 최대 번호라 하고, k 를 $x_k < y_k$ 인 j 보다 큰 최소 번호라 하자. 이러한 번호 k 가 존재한다는 것을 알 수 있다. 왜냐 하면, 그렇지 않은 경우에는 다음이 성립하기 때문이다.

$$x_1 + \dots + x_{j-1} + x_j > y_1 + \dots + y_j,$$

$$x_{j+1} \ge y_{j+1},$$

$$\cdot\ \cdot\ \cdot\ \cdot\quad \cdot\ \cdot\ \cdot\ \cdot\quad \cdot\ \cdot\ \cdot$$

$$x_n \ge y_n$$

얻어진 부등식들을 서로 더하면, 모순인 $x_1 + \dots + x_n > y_1 + \dots + y_n$ 이 얻어진다. 이와 같이, $x_j > y_j \ge y_k > x_k$ 이다.

$\delta = \min\left(x_j - y_j, y_k - x_k\right)$ 이고 $\lambda = 1 - \dfrac{\delta}{x_j - x_k}$ 라 하자.

수 $x_1, \dots, x_{j-1}, \lambda x_j + (1-\lambda)x_k = x_j^*, x_{j+1}, \dots, x_{k-1}, \lambda x_k + (1-\lambda)x_j$

$= x_k^*,\ x_{k+1}, \dots, x_n$ 을 생각하고, 이 수들에 대해 연습문제의 조건들이 성립한다는 것을 확인하자.

실제로 $x_1 + \dots + x_i \ge y_1 + \dots + y_i$, $i = 1, \dots, j-1$ 이 성립한다.

$\lambda x_j + (1-\lambda) x_k = x_j - \delta \ge x_j - (x_j - y_j) = y_j$ 이므로, 다음 부등식이 성립한다.

$$y_1 + \dots + y_j \le x_1 + \dots + x_{j-1} + \lambda x_j + (1-\lambda) x_k$$

$x_{j+1} \ge y_{j+1}, \dots, x_{k-1} \ge y_{k-1}$ 이므로,

$x_1 + \dots + x_i \ge y_1 + \dots + y_i$, $\quad i = j+1, \dots, k-1$ 이다.

$i \ge k$ 에 대해 다음이 성립한다.

$$x_1 + \dots + x_i = x_1 + \dots + x_{j-1} + \left(\lambda x_j + (1-\lambda) x_k\right) + x_{j+1} + \dots$$
$$+ x_{k-1} + \left(\lambda x_k + (1-\lambda) x_j\right) + \dots + x_i$$

결국 수 $x_1, \dots, x_{j-1}, x_j^*, x_{j+1}, \dots, x_{k-1}, x_k^*, x_{k+1}, \dots, x_n$ 에 대해 연습문제의 조건들이 성립한다.

한편 다음이 성립한다.

$$f(x_1) + \dots + f(x_{j-1}) + f(x_j) + \dots + f(x_k) + \dots + f(x_n) \ge$$
$$f(x_1) + \dots + f(x_{j-1}) + f(x_j^*) + f(x_{j+1}) + \dots + f(x_{k-1}) + f(x_k^*) + \dots + f(x_n)$$

왜냐 하면 $f(x_j^*) = f\left(\lambda x_j + (1-\lambda) x_k\right) \le \lambda f(x_j) + (1-\lambda) f(x_k)$ 이고,

$f(x_k^*) = f\left(\lambda x_k + (1-\lambda) x_j\right) \le \lambda f(x_k) + (1-\lambda) f(x_j)$ 이기 때문이다.

결국 $f(x_j^*) + f(x_k^*) \le f(x_j) + f(x_k)$ 이다.

한편 $\delta = x_j - y_j$ 또는 $\delta = y_k - x_k$ 이고, 결국 $x_j^* = y_j$ 또는 $x_k^* = y_k$ 이다.

이와 같이, 수 $x_1, x_2, \dots, x_j, \dots, x_n$ 을 수 $x_1, \dots, x_{j-1}, x_j^*, x_{j+1}, \dots,$ $x_{k-1}, x_k^*, x_{k+1}, \dots, x_n$ 으로 바꾸었으며, 연습문제의 조건들도 만족되었다. 한편 합 $f(x_1)+\dots+f(x_n)$ 은 증가되지 않았고, 조건 $x_i = y_i$ 을 만족시키는 수 i 의 개수는 1만큼 증가되었다. 결국 $n-1$ 보다 많지 않은 단계 후에, 다음이 얻어진다.

$$f(x_1)+\dots+f(x_n) \ge f(y_1)+\dots+f(y_n)$$

(b) $x \ge y \ge z$ 라 하자. 그러면 수

$y_1 = y_2 = \dfrac{x+y}{2}, y_3 = y_4 = \dfrac{z+x}{2}, y_5 = y_6 = \dfrac{y+z}{2}$ 와

$x_1 = x, x_2 = x_3 = x_4 = \dfrac{x+y+z}{3}, x_5 = y, x_6 = z$ 또는

$x_1 = x, x_2 = y, x_3 = x_4 = x_5 = \dfrac{x+y+z}{3}, x_6 = z$ 에 대해 문제 2.8(a)의 조건들이 성립한다. 결국 다음이 얻어진다.

$$\begin{aligned} &f(x)+f(y)+f(z)+3f\left(\frac{x+y+z}{3}\right) \\ &= f(x_1)+f(x_2)+f(x_3)+f(x_4)+f(x_5)+f(x_6) \\ &\ge f(y_1)+f(y_2)+f(y_3)+f(y_4)+f(y_5)+f(y_6) \\ &= 2f\left(\frac{x+y}{2}\right)+2f\left(\frac{y+z}{2}\right)+2f\left(\frac{z+x}{2}\right) \end{aligned}$$

2.9. 우선 다음 보조정리를 증명하자.

보조정리.

만약 $a \le b$ 이고 $x > 0$ 이면, $(a-x)^{12} + (b+x)^{12} > a^{12} + b^{12}$ 이다.

다음을 생각하자.

$$(a-x)^{12} + (b+x)^{12} - a^{12} - b^{12}$$

$$= C_{12}^{1} x\left(b^{11} - a^{11}\right) + C_{12}^{2} x^{2}\left(b^{10} + a^{10}\right) + \dots + 2x^{12} > 0$$

이제, $y_i = \sqrt{3}x_i \quad i = 1, \dots, 1997$ 이라 하면, 다음이 성립한다.

$$-1 \le y_i \le 3, \quad i = 1, \dots, 1997 \tag{2.3}$$

$$y_1 + \dots + y_{1997} = -954 \tag{2.4}$$

그리고 다음이 성립한다.

$$x_1^{12} + \dots + x_{1997}^{12} = \frac{y_1^{12} + \dots + y_{1997}^{12}}{3^6}$$

만약 $y_1, \dots, y_{1997}$ 중에서 어떤 두 수가 구간 (-1,3)에 속하면, 보조정리에 의해 이 두 수를 하나가 -1 또는 3인 수들로 바꿀 수 있다. 그리고 이 수들은 조건 (2.3)과 (2.4)를 만족시키며, 합 $y_1^{12} + \dots + y_{1997}^{12}$ 는 증가한다.

이로부터 수 $y_1, \dots, y_{1997}$ 을 수 $-1, \dots, -1, 3, \dots, 3$ 또는 수 $-1, \dots, -1, 3, \dots, 3, a, \quad a \in (-1;3)$ 로 바꾸면, 합 $y_1^{12} + \dots + y_{1997}^{12}$ 은 최대가 된다는 것이 유도된다.

조건 (2.4)를 생각하면, 오직 두 번째 경우만 가능하며 $k = \dfrac{a+2}{4} + 1735$ 라는 것을 알 수 있다(이때 k 는 -1의 개수이다).

$\dfrac{a+2}{4} \in Z$ 이고 $a \in (-1;3)$ 이므로, $a = 2$ 이다.

이와 같이, 식 $x_1^{12} + \dots + x_{1997}^{12}$ 의 최댓값은 $\dfrac{1736 + 260 \cdot 3^{12} + 2^{12}}{3^6} = 189548$ 이다.

2.10. 다음 식을 생각하자.

$$\frac{\alpha_1+\ldots+\alpha_n}{n}=\varphi \tag{2.5}$$

만약 $\alpha_1=\alpha_2=\ldots=\alpha_n=\varphi$ 이면, 다음이 성립한다.

$\cos\alpha_1\cos\alpha_2\ldots\cos\alpha_n(\tan\alpha_1+\ldots+\tan\alpha_n)$

$=\cos^n\varphi\cdot n\cdot\tan\varphi=n\cdot\sin\varphi\cdot cos^{n-1}\varphi$

$=n\sqrt{\sin^2\varphi\cdot(cos^2\varphi)^{n-1}}=n\sqrt{(n-1)^{n-1}\sin^2\varphi\cdot\frac{cos^2\varphi}{n-1}\cdot\ldots\cdot\frac{cos^2\varphi}{n-1}}$

$\le n\sqrt{(n-1)^{n-1}\left(\frac{\sin^2\varphi+\frac{cos^2\varphi}{n-1}+\ldots+\frac{cos^2\varphi}{n-1}}{n}\right)^n}=n\sqrt{(n-1)^{n-1}\cdot\frac{1}{n^n}}=\frac{(n-1)^{\frac{n-1}{2}}}{n^{\frac{n-2}{2}}}$

만약 어떤 i, $j\,(i\ne j)$에 대해 $\alpha_i\ne\alpha_j$ 이면, 이 수들 중에서 하나는 φ 보다 크고 하나는 φ 보다 작은 두 수를 찾을 수 있다(연습문제 1.10을 참고).

이 수들을 α_1, α_2 라 하자(이때 $\alpha_1<\varphi<\alpha_2$). 이제 α_1을 φ 로 바꾸고 α_2 를 $\alpha_1+\alpha_2-\varphi$ 로 바꾸면, (2.5)를 만족시키는 새로운 수열 $\varphi,\alpha_1+\alpha_2-\varphi,\alpha_3,\ldots,\alpha_n$ 을 얻을 수 있다. 그리고

$\cos\alpha_1\cos\alpha_2=\frac{1}{2}\left(\cos(\alpha_1+\alpha_2)+\cos(\alpha_1-\alpha_2)\right)$

$<\frac{1}{2}\left(\cos(\alpha_1+\alpha_2)+\cos(2\varphi-(\alpha_1+\alpha_2))\right)=\cos\varphi\cos(\alpha_1+\alpha_2-\varphi)$

이므로, 다음이 성립한다.

$\cos\alpha_1\cos\alpha_2\ldots\cos\alpha_n(\tan\alpha_1+\ldots+\tan\alpha_n)=$

$\sin(\alpha_1+\alpha_2)\cos\alpha_3\ldots\cos\alpha_n+\cos\alpha_1\cos\alpha_2\cos\alpha_3\ldots\cos\alpha_n(\tan\alpha_3+\ldots+\tan\alpha_n)$

$<\sin(\alpha_1+\alpha_2)\cos\alpha_3\ldots\cos\alpha_n+\cos\varphi\cos(\alpha_1+\alpha_2-\varphi)(\tan\alpha_3+\ldots+\tan\alpha_n)$

$=\cos\varphi\cos(\alpha_1+\alpha_2-\varphi)\cos\alpha_3\ldots\cos\alpha_n(\tan\varphi+\tan(\alpha_1+\alpha_2-\varphi)+\tan\alpha_3$

$+\ldots+\tan\alpha_n)$

얻어진 수들 $\varphi, \alpha_1+\alpha_2-\varphi, \alpha_3, \ldots, \alpha_n$ 에 대해 유사한 방법을 사용하면, 두 항이 φ 와 같은 새로운 수열을 얻을 수 있다. 이러한 조작을 $n-1$ 번 반복하면, $n-1$ 개의 항이 φ 와 같고 n 번째 항이 $n\varphi-(n-1)\varphi=\varphi$ 인 새로운 수열을 얻을 수 있다. 이와 같이 다음을 얻을 수 있다.

$$\cos\alpha_1\cos\alpha_2\ldots\cos\alpha_n(\tan\alpha_1+\ldots+\tan\alpha_n)<\cos^n\varphi\cdot n\cdot\tan\varphi\le\frac{(n-1)^{\frac{n-1}{2}}}{n^{\frac{n-2}{2}}}$$

증명으로부터 $\alpha_1=\alpha_2=\ldots=\alpha_n=\varphi$ 일 때에 등호가 성립한다는 것을 알 수 있다. 이때 $\varphi=\arctan\dfrac{1}{\sqrt{n-1}}$ 이다.

2.11. 만약 $x\ge 0,\ y\ge 0,\ \ x+y\le\frac{2}{3},\ \ k\ge 2,\ \ k\in N$ 이면, 다음이 성립한다는 것을 증명하자.

$$x^k(1-x)+y^k(1-y)\le(x+y)^k(1-x-y) \tag{2.6}$$

만약 $x+y=0$ 이면, (2.6)이 성립한다. 만약 $x+y\ne 0$ 이면, 다음이 성립한다.

$$\frac{x^k}{(x+y)^k}\cdot(1-x)+\frac{y^k}{(x+y)^k}\cdot(1-y)\le\left(\frac{x}{x+y}\right)^2\cdot(1-x)+\left(\frac{y}{x+y}\right)^2\cdot(1-y)$$

$$=\frac{(x+y)^2(1-x-y)+xy(3(x+y)-2)}{(x+y)^2}\le 1-x-y$$

$x_{i+1}\ge x_i\ge 0,\ \ i=1,\ldots,n-1,\ \ x_1+\ldots+x_n=1$ 이고 $n\ge 3$ 이라 하자. 그러면 다음이 성립한다.

$$(n-2)x_1+(n-2)x_2\le(x_3+\ldots+x_n)+(x_3+\ldots+x_n)=2-2x_1-2x_2$$

결국 $x_1+x_2\le\frac{2}{n}\le\frac{2}{3}$ 이다.

이와 같이, 수 $x_1,\dots,x_n$을 수 $0, x_1+x_2, x_3,\dots,x_n$으로 바꾸면, 이들의 합은 다시 1이 된다. 이때 다음이 성립한다.

$$\sum_{i=1}^{n} x_i^k(1-x_i) \le (x_1+x_2)^k(1-x_1-x_2)+x_3^k(1-x_3)+\dots+x_n^k(1-x_n)$$

이 조작을 유한 번 반복하면, $n=2$인 경우, 즉

$$\sum_{i=1}^{n} x_i^k(1-x_i) \le x^k(1-x)+(1-x)^k x$$

이 얻어지며 $\sum_{i=1}^{n} x_i^k(1-x_i) \le a_k$ 이다.

참고. 다음을 알 수 있다(연습문제 12.12를 참고).

$$a_1=\max_{[0;1]}(2x(1-x))=\frac{1}{2},\quad a_2=\max_{[0;1]}(x(1-x))=\frac{1}{4},$$

$$a_3=\max_{[0;1]}(x(1-x)(1-2x(1-x)))=\frac{1}{8},$$

$$a_4=\max_{[0;1]}(x(1-x)(1-3x(1-x)))=\frac{1}{12},$$

$$a_5=\max_{[0;1]}(x(1-x)-4(x(1-x))^2+2(x(1-x))^3)=\frac{5\sqrt{10}-14}{17}$$

2.12. (a) $x_1 \le x_2 \le \dots \le x_n, n \ge 3$이라 하자. 이제 두 가지 경우를 생각하자.

$x_2\cdot\dots\cdot x_{n-1} \ge \dfrac{2(n-1)}{n^{n-1}}$ 이면, 다음이 성립한다.

$$\begin{aligned}&A=2(n-1)(x_1x_2+x_1x_3+\dots+x_1x_n+x_2x_3+\dots+x_2x_n+\dots+x_{n-1}x_n)\\&-n^{n-1}x_1x_2\cdot\dots\cdot x_n=2(n-1)((x_1+x_n)(x_2+\dots+x_{n-1})+x_2x_3+\dots\\&+x_2x_{n-1}+\dots+x_{n-2}x_{n-1})+x_1x_n(2(n-1)-n^{n-1}x_2\cdot\dots\cdot x_{n-1})\\&\le 2(n-1)(x(1-x)+x_2x_3+\dots+x_2x_{n-1}+\dots+x_{n-2}x_{n-1})\end{aligned}$$

이때, $x = x_2 + \ldots + x_{n-1}$ 이다.

연습문제 2.2에 의해, $\dfrac{x_2^{\ 2} + \ldots + x_{n-1}^{\ \ 2}}{n-2} \geq \left(\dfrac{x}{n-2}\right)^2$ 이며, 다음이 성립한다.

$$x_2x_3 + \ldots + x_2x_{n-1} + \ldots + x_{n-2}x_{n-1} \leq \frac{n-3}{2(n-2)}x^2$$

즉 $A \leq 2(n-1)(x(1-x) + \dfrac{n-3}{2(n-2)}x^2)$

$= 4(n-2) \cdot \dfrac{n-1}{2(n-2)} x \cdot (1 - \dfrac{n-1}{2(n-2)} x) \leq n-2$ 이다.

만약 $x_2 \cdot \ldots \cdot x_{n-1} < \dfrac{2(n-1)}{n^{n-1}}$ 이면, $x_1 = x_2 = \ldots = x_n = \dfrac{1}{n}$ 일 때에

$A = n-2$ 이며, 만약 $x_i \neq \dfrac{1}{n}$ 이면 수 i 의 어떤 값에 대해

$x_1 < \dfrac{1}{n} < x_n$ 이다.

수 x_1 을 $\dfrac{1}{n}$ 으로 바꾸고, x_n 을 $x_1 + x_n - \dfrac{1}{n}$ 로 바꾸면, 다음 식의 값은 증가한다(연습문제 1.17을 참고할 것).

$$A = 2(n-1)((x_1 + x_n)(x_2 + \ldots + x_{n-1}) + x_2x_3 + \ldots + x_2x_{n-1} + \ldots + x_{n-2}x_{n-1})$$
$$+ x_1x_n(2(n-1) - n^{n-1}x_2 \cdot \ldots \cdot x_{n-1})$$

유사한 방법으로 부등식을 증명하거나 또는 $x_1 = x_2 = \ldots = x_n = \dfrac{1}{n}$ 인 경우에 부등식을 증명할 수 있다.

(b) 만약 $y_1, y_2, \ldots, y_n \geq 0$ 이고 $y_1 + y_2 + \ldots + y_n > 0$ 이면, 연습문제 2.12(a)에 의해, $x_i = \dfrac{y_i}{y_1 + y_2 + \ldots + y_n}, i = 1, 2, \ldots, n$ 일 때에 다음을 얻을 수 있다.

$$2(n-1)q_n p_n^{\ n-2} - n^{n-1} y_1 \cdot y_2 \cdot \ldots \cdot y_n \le (n-2) p_n^{\ n}$$

이때 $p_n = y_1 + y_2 + \ldots + y_n$,

$q_n = y_1y_2 + y_1y_3 + \ldots + y_1y_n + \ldots + y_{n-1}y_n$ 이다. 결국 $y_1 \cdot y_2 \cdot \ldots \cdot y_n = 1$ 일 때에 다음이 성립한다.

$$q_n \le \frac{(n-2)p_n^{\ n} + n^{n-1}}{2(n-1)p_n^{\ n-2}} \tag{2.7}$$

$x_1 = 0$ 일 때에, 다음을 얻을 수 있다.

$$\frac{x_2 + \ldots + x_n}{n}$$

$$\le \frac{\left(\sqrt{x_2} - \sqrt{x_3}\right)^2 + \ldots + \left(\sqrt{x_2} - \sqrt{x_n}\right)^2 + \ldots + \left(\sqrt{x_{n-1}} - \sqrt{x_n}\right)^2 + x_2 + \ldots + x_n}{n}$$

또는

$$2\sqrt{x_2x_3} + 2\sqrt{x_2x_4} + \ldots + 2\sqrt{x_2x_n} + \ldots + 2\sqrt{x_{n-1}x_n} \le (n-2)(x_2 + \ldots + x_n)$$

마지막 부등식은 부등식 $2\sqrt{ab} \le a + b(a, b \ge 0)$ 을 이용하여 얻을 수 있다.

$x_i > 0$ 일 때에 $y_i = \dfrac{\sqrt{x_i}}{\sqrt[2n]{x_1 \cdot x_2 \cdot \ldots \cdot x_n}}, i = 1, 2, \ldots, n$ 이라 하면,

$y_1 \cdot y_2 \cdot \ldots \cdot y_n = 1$ 이고, $\dfrac{p_n^{\ 2} - 2q_n}{n} - 1 \le \dfrac{(n-1)(p_n^{\ 2} - 2q_n) - 2q_n}{n}$ 또는

$q_n \le \dfrac{(n-2)p_n^{\ 2} + n}{2(n-1)}$ 을 증명해야 한다. 이때 (2.7)에 의해

$q_n \le \dfrac{(n-2)p_n^{\ n} + n^{n-1}}{2(n-1)p_n^{\ n-2}} \le \dfrac{(n-2)p_n^{\ 2} + n}{2(n-1)}$ 이므로, 마지막 부등식이 성립한다.

(c) 수 $y_1 = x_1^2, \ldots, y_n = x_n^2$ 에 대해 연습문제 2.12(b)의 부등식을 이용하면, 다음을 얻을 수 있다(연습문제 1.13을 참고할 것).

$$\frac{x_1^2 + \ldots + x_n^2}{n} - \sqrt[n]{x_1^2 \cdot \ldots \cdot x_n^2}$$

$$\le \frac{\left(|x_1| - |x_2|\right)^2 + \ldots + \left(|x_1| - |x_n|\right)^2 + \ldots + \left(|x_{n-1}| - |x_n|\right)^2}{n}$$

또는

$$(n-1)(x_1^2 + \ldots + x_n^2) + n\sqrt[n]{x_1^2 \cdot \ldots \cdot x_n^2} \ge \left(|x_1| + \ldots + |x_n|\right)^2 \ge (x_1 + \ldots + x_n)^2$$

내 힘으로 해결하기

다음 부등식을 증명하여라(1-4).

1. $n \ge 2,\ 0 < x_i \le 1,\ i = 1, \ldots, n$ 에 대해, $\dfrac{1}{1+x_1} + \ldots + \dfrac{1}{1+x_n} \le \dfrac{n}{1+\sqrt[n]{x_1 \cdot \ldots \cdot x_n}}$

2. $a > 0, b > 0, c > 0, d > 0$ 에 대해,

$$\sqrt{\frac{a^2 + b^2 + c^2 + d^2}{4}} \ge \sqrt[3]{\frac{abc + abd + acd + bcd}{4}}$$

3. $x + y + z = xyz$, $x > 0,\ y > 0,\ z > 0$ 에 대해, $9 \le xy + yz + zx \le \dfrac{9 + x^2 y^2 z^2}{4}$

4. (a) $n \ge 2,\ x_i > 0,\ i = 1, \ldots, n$, $x_1 + \ldots + x_n = 1$ 에 대해,

$$\frac{1+x_1}{x_1} \cdot \ldots \cdot \frac{1+x_n}{x_n} \ge (n+1)^n$$

(b) $n \geq 2,\ x_i > 0,\ i = 1, \ldots, n$, $x_1 + \ldots + x_n = 1$ 에 대해,

$$\frac{1+x_1}{1-x_1} \cdot \ldots \cdot \frac{1+x_n}{1-x_n} \geq \left(\frac{n+1}{n-1}\right)^n$$

(c) $i = 1, \ldots, n$, $x_1 + \ldots + x_n = s$ 일 때에 $0 \leq x_i \leq \dfrac{s}{n-1}$ 에 대해

$$(s-(n-1)x_1) \cdot \ldots \cdot (s-(n-1)x_n) \leq x_1 \cdot \ldots \cdot x_n$$

5. 주어진 원에 내접하는 모든 볼록n각형 중에서 정n각형이 최대의 넓이를 가진다는 것을 증명하여라.

6. 주어진 원에 내접하는 모든 볼록n각형 중에서 정n각형이 최대의 둘레를 가진다는 것을 증명하여라.

7. 주어진 원에 내접하는 모든 볼록다각형 중에서 변들의 제곱의 합이 최대인 것은 정삼각형이라는 것을 증명하여라.

8. $n \geq 4$ 이며 $x_i > 0,\ i = 1, \ldots, n$ 은 실수이고 $x_1 + \ldots + x_n = 1$ 이다. 임의의 $\lambda\ (0 < \lambda < n)$ 에 대해 다음 부등식을 증명하여라.

$$x_1 \cdot \ldots \cdot x_n \left(\frac{1}{x_1} + \ldots + \frac{1}{x_n}\right) - \lambda x_1 \cdot \ldots \cdot x_n \leq \frac{n^2 - \lambda}{n^n}$$

9. α, β, γ 와 $\alpha_1, \beta_1, \gamma_1$ 을 각으로 가지는 임의의 두 삼각형에 대해, 다음 부등식을 증명하여라.

$$\frac{\cos\alpha_1}{\sin\alpha} + \frac{\cos\beta_1}{\sin\beta} + \frac{\cos\gamma_1}{\sin\gamma} \leq \cot\alpha + \cot\beta + \cot\gamma$$

10. $(i_1,...,i_n)$는 수 $(1,...,n)$의 모든 가능한 조합으로 얻어지며,

$y_1 > 0, \ldots, y_n > 0$이고 $a_1 \geq \ldots \geq a_n$,

$a_1 \leq b_1,\ a_1 + a_2 \leq b_1 + b_2, \ldots, a_1 + \ldots + a_{n-1}$

$\leq b_1 + \ldots + b_{n-1},\ a_1 + \ldots + a_n = b_1 + \ldots + b_n$이다.

이때 $\sum_{(i_1,\ldots,i_n)} y_{i_1}^{a_1} \cdot \ldots \cdot y_{i_n}^{a_n} \leq \sum_{(i_1,\ldots,i_n)} y_{i_1}^{b_1} \cdot \ldots \cdot y_{i_n}^{b_n}$을 증명하여라.

11. $a = \dfrac{a_1 + a_2 + \ldots + a_n}{n}$에 대해, 조건 $a_i < a < a_j$로부터 $b_i \leq b_j$가 유도된다는 것이 알려져 있다. 이때 다음 부등식을 증명하여라.

$$n(a_1b_1 + \ldots + a_nb_n) \geq (a_1 + \ldots + a_n)(b_1 + \ldots + b_n)$$

12. 함수 f는 구간 $(-\infty;+\infty)$에서 정의되며 이 구간에서 감소하는 함수이다. 그리고 f가 기함수이고 $a+b+c=0$일 때 다음을 증명하여라.

$$f(a)f(b)+f(b)f(c)+f(c)f(a) \leq 0$$

13. 수 $a_1, \ldots, a_n$ $(n \geq 2)$이 다음 조건들을 만족시킨다. 이때 $a_n - a_1 \geq \dfrac{2S}{n}$를 증명하여라.

(a) $a_1 \leq \ldots \leq a_n$

(b) $a_1 + \ldots + a_n = 0$

(c) $|a_1| + \ldots + |a_n| = S$

14. n은 주어진 정수이며 $n \geq 2$이다.

(a) 음이 아닌 모든 정수 $x_1, \ldots, x_n$에 대해,

부등식 $\sum_{1 \leq i < j \leq n} x_i x_j (x_i^2 + x_j^2) \leq C \left(\sum_{1 \leq i \leq n} x_i \right)^4$을 만족시키는 가장 작은 상수 C를 구하여라.

(b) 얻어진 C 값에 대해 등호는 언제 성립하는가?

15. 다음 부등식을 증명하여라.

(a) $s = x_1 + \ldots + x_n$, $x_1 x_2 \ldots x_n = 1$, $x_1, x_2, \ldots, x_n > 0$에 대해,

$$\frac{1}{1+s-x_1} + \ldots + \frac{1}{1+s-x_n} \leq 1$$

(b) $a_1, a_2, \ldots, a_n > 0$에 대해,

$$\frac{1}{a_1^n + \ldots + a_{n-1}^n + na_1 \ldots a_n} + \frac{1}{a_1^n + \ldots + a_{n-2}^n + a_n^n + na_1 \ldots a_n} + \ldots$$

$$+ \frac{1}{a_2^n + \ldots + a_n^n + na_1 \ldots a_n} \leq \frac{1}{a_1 \ldots a_n}$$

16. $a, b, c > 0$, $a+b+c=1$에 대해, $5(a^2+b^2+c^2) \leq 6(a^3+b^3+c^3)+1$을 증명하여라.

03
평균들을 이용한 증명

부등식을 증명할 때에 산술평균, 기하평균, 조화평균, 제곱평균의 관계를 이용하면 편리한 경우가 많다. 두 수에 대한 평균들은 다음과 같다.

$$\frac{2}{\frac{1}{a}+\frac{1}{b}} \le \sqrt{ab} \le \frac{a+b}{2} \le \sqrt{\frac{a^2+b^2}{2}} \tag{3.1}$$

이때 $\frac{2}{\frac{1}{a}+\frac{1}{b}}$는 수 a, b의 조화평균이라 부르며, $\sqrt{ab}$는 기하평균, $\frac{a+b}{2}$는 산술평균, $\sqrt{\frac{a^2+b^2}{2}}$은 제곱평균이라 부른다.

부등식 (3.1)의 증명은 1장의 연습문제 1.2-1.4에서 다루었다. 부등식 (3.1)에서 등호는 $a=b$인 경우에 성립한다는 것을 기억하자.

예제

3.1. $a>0, b>0, c>0$에 대해, 부등식 $\frac{a}{b}+\frac{b}{c}+\frac{c}{a} \ge 3$을 증명하여라.

증명. 일반성을 잃지 않고, $c \ge a$, $c \ge b$ 라고 가정할 수 있다. 부등식

$$\frac{a+b}{2} \ge \sqrt{ab} \tag{3.2}$$

을 이용하면, 다음을 얻을 수 있다.

$$\frac{a}{b} + \frac{b}{a} \ge 2 \tag{3.3}$$

이제 $\frac{b}{c} + \frac{c}{a} - \frac{b}{a} - 1 = \frac{(c-a)(c-b)}{ac} \ge 0$ 을 생각하자. 그러면 다음이 성립한다.

$$\frac{b}{c} + \frac{c}{a} - \frac{b}{a} - 1 \ge 0 \tag{3.4}$$

부등식 (3.3)과 (3.4)를 더하면, $\frac{a}{b} + \frac{b}{c} + \frac{c}{a} \ge 3$ 이 얻어진다.

| 예제

3.2. $a > 0, b > 0, c > 0$ 에 대해, 부등식 $\sqrt{\frac{a}{b+c}} + \sqrt{\frac{b}{c+a}} + \sqrt{\frac{c}{a+b}} > 2$ 를 증명하여라.

증명. 일반성을 잃지 않고, $a \ge b \ge c$ 라고 가정할 수 있다. 그러면 다음이 얻어진다.

$$\sqrt{\frac{a}{b+c}} + \sqrt{\frac{b}{c+a}} + \sqrt{\frac{c}{a+b}} = \sqrt{\frac{a}{b+c}} + \sqrt{\frac{b+c}{a}} + \sqrt{\frac{b}{c+a}} + \sqrt{\frac{c}{a+b}} - \sqrt{\frac{b+c}{a}}$$

$$\ge 2 + \sqrt{\frac{b}{c+a}} + \sqrt{\frac{c}{a+b}} - \sqrt{\frac{b+c}{a}} \ge 2 + \sqrt{\frac{b}{c+a}} + \sqrt{\frac{c}{2a}} - \sqrt{\frac{b+c}{a}}$$

$$= 2 + \frac{1}{\sqrt{a}}\left(\sqrt{\frac{b}{1+\frac{c}{a}}} + \sqrt{\frac{c}{2}} - \sqrt{b+c}\right) \ge 2 + \frac{1}{\sqrt{a}}\left(\sqrt{\frac{b}{1+\frac{c}{b}}} + \sqrt{\frac{c}{2}} - \sqrt{b+c}\right)$$

$$=2+\frac{\sqrt{c}}{\sqrt{2a(b+c)}}\left(\sqrt{b+c}-\sqrt{2c}\right)\ge 2$$

등호는 $a=b+c$, $b=a=c$ 인 경우에 성립하며, 마지막 등호는 성립하지 않는다. 그러므로 $\sqrt{\frac{a}{b+c}}+\sqrt{\frac{b}{c+a}}+\sqrt{\frac{c}{a+b}}>2$ 이다.

두 번째 방법. 다음 부등식들을 이용하자.

$$\sqrt{\frac{a}{b+c}\cdot 1}\ge\frac{2}{1+\frac{b+c}{a}}=\frac{2a}{a+b+c},\quad \sqrt{\frac{b}{a+c}\cdot 1}\ge\frac{2}{1+\frac{a+c}{b}}=\frac{2b}{a+b+c},$$

$$\sqrt{\frac{c}{a+b}\cdot 1}\ge\frac{2}{1+\frac{a+b}{c}}=\frac{2c}{a+b+c}$$

이 부등식들을 더하면, $\sqrt{\frac{a}{b+c}}+\sqrt{\frac{b}{c+a}}+\sqrt{\frac{c}{a+b}}\ge 2$ 가 얻어진다. 이때 등호는 모든 세 부등식에서 등호가 성립하는 경우이며, 다음 조건이 성립할 때 가능하다.

$$1=\frac{a}{b+c}=\frac{b}{a+c}=\frac{c}{a+b}$$

그러나 이것은 문제의 조건에 모순된다. 결국
$\sqrt{\frac{a}{b+c}}+\sqrt{\frac{b}{c+a}}+\sqrt{\frac{c}{a+b}}>2$ 이다.

관계 (3.1)은 $a_1, \dots, a_n$ 가 양수인 경우에 다음과 같이 일반화 될 수 있다.

$$\frac{n}{\frac{1}{a_1}+\dots+\frac{1}{a_n}}\le\sqrt[n]{a_1\cdot\dots\cdot a_n}\le\frac{a_1+\dots+a_n}{n}\le\sqrt{\frac{a_1^2+\dots+a_n^2}{n}} \tag{3.5}$$

이때 $\dfrac{n}{\dfrac{1}{a_1}+\ldots+\dfrac{1}{a_n}}$, $\sqrt[n]{a_1\cdot\ldots\cdot a_n}$, $\dfrac{a_1+\ldots+a_n}{n}$, $\sqrt{\dfrac{a_1^2+\ldots+a_n^2}{n}}$ 을 수 $a_1, \ldots, a_n$ 의 조화평균, 기하평균, 산술평균, 제곱평균이라 부른다. 관계 (3.5)에서 등호는 $a_1=\ldots=a_n$ 인 경우에 성립한다.

예제

3.3. $n\geq 2$, $a_1>0, \ldots, a_n>0$ 에 대해, 부등식 $\dfrac{n}{\dfrac{1}{a_1}+\ldots+\dfrac{1}{a_n}} \leq \sqrt[n]{a_1\cdot\ldots\cdot a_n}$ 을 증명하여라.

증명. 양수 $x_i=\dfrac{1}{a_i}$, $i=1,\ldots,n$ 에 대해 부등식 $\dfrac{x_1+\ldots+x_n}{n}\geq\sqrt[n]{x_1\cdot\ldots\cdot x_n}$ 을 사용하면(연습문제 2.1), 부등식 $\dfrac{\dfrac{1}{a_1}+\ldots+\dfrac{1}{a_n}}{n}\geq\dfrac{1}{\sqrt[n]{a_1\cdot\ldots\cdot a_n}}$ 이 얻어지며 이로부터 부등식이 증명된다.

참고. $\dfrac{a_1+\ldots+a_n}{n}\geq\sqrt[n]{a_1\cdot\ldots\cdot a_n}\geq\dfrac{n}{\dfrac{1}{a_1}+\ldots+\dfrac{1}{a_n}}$ 이며 다음이 성립한다.

$$\left(a_1+\ldots+a_n\right)\left(\frac{1}{a_1}+\ldots+\frac{1}{a_n}\right)\geq n^2 \tag{3.6}$$

예제

3.4. 다음 연립방정식을 풀어라.

$$\begin{cases} \sqrt{1+x_1}+\ldots+\sqrt{1+x_{100}}=100\sqrt{1+\frac{1}{100}} \\ \sqrt{1-x_1}+\ldots+\sqrt{1-x_{100}}=100\sqrt{1-\frac{1}{100}} \end{cases}$$

풀이. 수 $\sqrt{1+x_1}, \ldots, \sqrt{1+x_{100}}$, $\sqrt{1-x_1}, \ldots, \sqrt{1-x_{100}}$ 에 대해 다음 부등식을 이용하자(연습문제 2.2).

$$\frac{a_1+\ldots+a_n}{n} \le \sqrt{\frac{a_1^2+\ldots+a_n^2}{n}} \tag{3.7}$$

그러면 다음을 얻을 수 있다.

$$\frac{\sqrt{1+x_1}+\ldots+\sqrt{1+x_{100}}}{100} \le \sqrt{\frac{100+(x_1+\ldots+x_{100})}{100}} \tag{3.8}$$

$$\frac{\sqrt{1-x_1}+\ldots+\sqrt{1-x_{100}}}{100} \le \sqrt{\frac{100-(x_1+\ldots+x_{100})}{100}}$$

얻어진 부등식들과 주어진 연립방정식으로부터 다음을 얻을 수 있다.

$$\sqrt{1+\frac{1}{100}} \le \sqrt{1+\frac{x_1+\ldots+x_{100}}{100}}, \quad \sqrt{1-\frac{1}{100}} \le \sqrt{1-\frac{x_1+\ldots+x_{100}}{100}}$$

$x_1+\ldots+x_{100}=1$ 이 얻어졌으며, 이로부터 부등식 (3.8)에서 등호만 성립한다는 것을 알 수 있다. 즉 $\sqrt{1+x_1}=\ldots=\sqrt{1+x_{100}}$, $x_1=\ldots=x_{100}=0.01$ 이다. 직접 대입하여 얻어진 수들이 연립방정식을 만족한다는 것을 확인할 수 있다.

산술평균과 기하평균 사이의 관계를 이용하여 최댓값과 최솟값을 구하는 몇몇 문제들을 해결할 수 있다.

참고 1. 수 $a_1, \ldots, a_n$ 의 산술평균은 $a_1=\ldots=a_n$ 일 때에 이들의 기하평균을 최솟값으로 가진다.

2. 수 $a_1, \dots, a_n$ 의 기하평균은 $a_1 = \dots = a_n$ 일 때에 이들의 산술평균을 최댓값으로 가진다.

예제

3.5. 주어진 넓이를 가지는 삼각형들 중에서 둘레가 최소인 삼각형을 찾아라.

풀이. 구하는 삼각형의 변들을 a,b,c, 둘레를 $2p$ 라 하자. 헤론의 공식과 연습문제 2.1의 부등식을 이용하여 다음을 알 수 있다.

$$S = \sqrt{p(p-a)(p-b)(p-c)} \le \sqrt{p\left(\frac{(p-a)+(p-b)+(p-c)}{3}\right)^3} = \frac{\sqrt{3}}{9}p^2$$

이로부터 $2p \ge 2\sqrt{3\sqrt{3}\cdot S}$ 가 얻어진다.

등호는 $a=b=c$ 일 때에 성립한다. 이와 같이, 주어진 둘레를 가지는 삼각형들 중에서 정삼각형이 최소의 둘레를 가진다.

예제

3.6. 둘레가 주어진 값 $2p$ 인 삼각형들 중에서 최대 넓이를 가지는 삼각형을 찾아라.

풀이. 구하는 삼각형의 넓이를 S, 변의 길이를 a,b,c 라 하자. 헤론의 공식에 의해 $S = \sqrt{p}\cdot\sqrt{(p-a)(p-b)(p-c)}$ 이다. 식 $(p-a)(p-b)(p-c)$ 의 최댓값을 구하자.

$(p-a)+(p-b)+(p-c)=p$ 은 일정한 값이므로, 참고 2에 의해 곱 $(p-a)(p-b)(p-c)$ 은 $p-a=p-b=p-c$ 일 때에 최댓값을 가지며, 이로부터 $a=b=c$ 이다. 이와 같이, 둘레가 주어진 $2p$ 인 삼각형들 중에서 정삼각형이 최대의 넓이를 가진다.

연습문제

다음 부등식을 증명하여라(3.1-3.28).

3.1. $a>0,\ b>0,\ c>0$ 에 대해, $(a+b)(b+c)(c+a)\ge 8abc$

3.2. $a>0,\ b>0,\ c>0,\ d>0$ 에 대해,

$$(a+b+c-d)(b+c+d-a)(c+d+a-b)(d+a+b-c)$$
$$\le (a+b)(b+c)(c+d)(d+a)$$

3.3. (a) $a>0,\ b>0,\ c>0$ 에 대해,

$$a^3+b^3+c^3+3abc\ge a^2b+ab^2+b^2c+c^2b+a^2c+ac^2$$

(b) $a>0,\ b>0,\ c>0$ 에 대해, $\left(1+\dfrac{4a}{b+c}\right)\left(1+\dfrac{4b}{c+a}\right)\left(1+\dfrac{4c}{a+b}\right)>25$

3.4. $a>1$ 에 대해 $\dfrac{\log(a-1)}{\log a}<\dfrac{\log a}{\log(a+1)}$

3.5. $a>0,\ b>0,\ c>0$ 에 대해, $abc\ge(a+b-c)(a+c-b)(b+c-a)$

3.6. $x+y=1$ 에 대해, $x^8+y^8\ge\dfrac{1}{128}$

3.7. $a>0,\ b>0$, $a+b=1$ 에 대해, $\left(a+\dfrac{1}{a}\right)^2+\left(b+\dfrac{1}{b}\right)^2\ge 12.5$

3.8. $n \geq 2,\ x_1 > 0, \dots, x_n > 0,\ x_1 + \dots + x_n = 1$ 에 대해,

$$\left(x_1 + \frac{1}{x_1}\right)^2 + \dots + \left(x_n + \frac{1}{x_n}\right)^2 \geq \frac{\left(n^2+1\right)^2}{n}$$

3.9. $a^4 + b^4 + c^4 \geq abc(a+b+c)$

3.10. $xy = 1$ 에 대해 $x^2 + y^2 \geq 2\sqrt{2}(x-y)$

3.11. $a_1 > 0, \dots, a_5 > 0,\ a_1 + \dots + a_5 = 1$ 에 대해,

$$\sqrt{6a_1+1} + \sqrt{6a_2+1} + \sqrt{6a_3+1} + \sqrt{6a_4+1} + \sqrt{6a_5+1} \leq \sqrt{55}$$

3.12. $a \geq 0, b \geq 0, c \geq 0$ 에 대해, $6a + 4b + 5c \geq 5\sqrt{ab} + 3\sqrt{bc} + 7\sqrt{ca}$

3.13. $2\left(a^4 + b^4\right) + 17 > 16ab$

3.14. (a) 삼각형의 변 a, b, c 에 대해,

$$\frac{1}{b+c-a} + \frac{1}{a-b+c} + \frac{1}{a+b-c} \geq \frac{1}{a} + \frac{1}{b} + \frac{1}{c}$$

(b) 삼각형의 변 a, b, c 에 대해,

$$\frac{a}{\sqrt{2b^2+2c^2-a^2}} + \frac{b}{\sqrt{2c^2+2a^2-b^2}} + \frac{c}{\sqrt{2a^2+2b^2-c^2}} \geq \sqrt{3}$$

3.15. $n \in N,\ b > 0$ 에 대해, $\left(\dfrac{1+nb}{n+1}\right)^{n+1} \geq b^n$

3.16. (a) $n \in N$ 에 대해, $\left(1+\frac{1}{n}\right)^n < \left(1+\frac{1}{n+1}\right)^{n+1}$

(b) $n \in N$ 에 대해, $\left(1+\frac{1}{n}\right)^{n+1} > \left(1+\frac{1}{n+1}\right)^{n+2}$

3.17. $n = 2,3,4,\ldots$ 에 대해, $n! < \left(\frac{n+1}{2}\right)^n$

3.18. (a) $S_n = \frac{1}{1}+\ldots+\frac{1}{n}$, $n = 2,3,4,\ldots$ 에 대해, $n(n+1)^{\frac{1}{n}} < n + S_n$

(b) $S_n = \frac{1}{1}+\ldots+\frac{1}{n}$, $n = 3,4,\ldots$ 에 대해, $n - S_n > (n-1)n^{\frac{1}{1-n}}$

3.19. $q > 1$, $n \in N$ 에 대해, $(q^n - 1)(q^{n+1}+1) \geq 2nq^n(q-1)$

3.20. (a) $a>0, b>0, c>0, d>0$, $abcd=1$ 에 대해,

$$a^2+b^2+c^2+d^2+ab+ac+ad+bc+bd+cd \geq 10$$

(b) $a,b,c>0$ 에 대해, $\left(a-1+\frac{1}{b}\right)\left(b-1+\frac{1}{c}\right)\left(c-1+\frac{1}{a}\right) \leq \left(\frac{1+abc}{2\sqrt{abc}}\right)^3$

(c) $a,b,c,t>0$, $abc=1$ 에 대해,

$$\left(a+\frac{1}{b}-t\right)\left(b+\frac{1}{c}-t\right)\left(c+\frac{1}{a}-t\right) \leq (a+b+c)\left(\frac{1}{a}+\frac{1}{b}+\frac{1}{c}\right)(1-t)^2+4-3t$$

3.21. $a_i > 0$, $i = 1,\ldots,n$, $n = 3,4,\ldots$ 에 대해,

$$n\sqrt[n]{a_1 \cdot \ldots \cdot a_n} - (n-1)\sqrt[n-1]{a_1 \cdot \ldots \cdot a_{n-1}} \leq a_n$$

3.22. $a_1 > 0, \ldots, a_n > 0, b_1 > 0, \ldots, b_n > 0, \ldots, k_1 > 0, \ldots, k_n > 0$ 에 대해,

$$\sqrt[n]{a_1 \cdot \ldots \cdot a_n} + \sqrt[n]{b_1 \cdot \ldots \cdot b_n} + \ldots + \sqrt[n]{k_1 \cdot \ldots \cdot k_n} \le$$
$$\le \sqrt[n]{(a_1 + b_1 + \ldots + k_1)(a_2 + b_2 + \ldots + k_2) \cdot \ldots \cdot (a_n + b_n + \ldots + k_n)}$$

3.23. $n \ge 2,\ a_1 \ge 0, \ldots, a_n \ge 0$ 에 대해,

$$a_1 + \sqrt{a_1 a_2} + \ldots + \sqrt[n]{a_1 \cdot \ldots \cdot a_n} \le e(a_1 + \ldots + a_n)$$

3.24. (a) $n > k,\ n, k \in N,\ a > 0$ 에 대해, $na^k - ka^n \le n - k$

(b) $n \ge 2, n \in N, x_1 = \min(x_1, \ldots, x_n) > 0$ 에 대해,

$$\frac{x_1^{\ 2}}{x_2} + \frac{x_2^{\ 3}}{x_3^{\ 2}} + \ldots + \frac{x_n^{\ n+1}}{x_1^{\ n}} \ge x_1 + \ldots + x_n$$

3.25. $a > 0,\ x_i > 0,\ i = 1, \ldots, n$ 에 대해,

$$\frac{a^{x_1 - x_2}}{x_1 + x_2} + \frac{a^{x_2 - x_3}}{x_2 + x_3} + \ldots + \frac{a^{x_n - x_1}}{x_n + x_1} \ge \frac{n^2}{2\sum_{i=1}^{n} x_i}$$

3.26. $n \ge 2,\ x_1 > 0, \ldots, x_n > 0,\ x_1 + \ldots + x_n = p,\ p \in N,\ p \ge 2$ 에 대해,

$$\sqrt[p]{x_1 + 1} + \ldots + \sqrt[p]{x_n + 1} \le n + 1$$

3.27. (a) $\alpha \ge -1,\ n \in N$ 에 대해, $(1+\alpha)^n \ge 1 + n\alpha$ (베르눌리 부등식)

(b) $\alpha \ne 0,\ \alpha \ge -1,\ n \in N,\ n > 1$ 에 대해, $(1+\alpha)^n > 1 + n\alpha$

3.28. (a) $\cos^3 t \sin t \le \dfrac{3\sqrt{3}}{16}$

(b) $0 \le x \le 1,\ \ k, m \in N$ 에 대해, $x^k(1-x^m) \le \dfrac{k^{\frac{k}{m}} \cdot m}{(k+m)^{1+\frac{k}{m}}}$

(c) $x, y, z > 0$, $x^2+y^2+z^2=1$ 에 대해, $\dfrac{x}{1-x^2}+\dfrac{y}{1-y^2}+\dfrac{z}{1-z^2} \ge \dfrac{3\sqrt{3}}{2}$

(d) $x, y, z > 0$, $x^2+y^2+z^2=1$ 에 대해, $\dfrac{1}{1-x}+\dfrac{1}{1-y}+\dfrac{1}{1-z} \ge \dfrac{9+3\sqrt{3}}{2}$

3.29. $n \in N,\ \ n > 1$ 이다. 이때 구간 $[0;1)$ 에서 함수 $f(x) = \dfrac{1}{\sqrt[n]{1+x}} + \dfrac{1}{\sqrt[n]{1-x}}$ 의 최솟값을 구하여라.

3.30. $a > 0,\ b > 0;\ \ m, n \in N$ 이다. 구간 $(0, \infty)$ 에서 함수 $f(x) = ax^m + \dfrac{b}{x^n}$ 의 최솟값을 구하여라.

3.31. 구간 $[a;b]$ 에서(이때 $0 < a < b$ 임) 함수 $f(x) = (x-a)^2(b^2-x^2)$ 이 최댓값을 가지는 x_0 를 구하여라.

3.32. $x > 0,\ y > 0,\ z > 0$, $2x + \sqrt{3}y + \pi z = 1$ 이다. 이때 곱 xyz 의 최댓값을 구하여라.

3.33. $a > 0,\ b > 0$ 에 대해 함수 $y = \dfrac{x}{ax^2+b}$ 의 최댓값과 최솟값을 구하여라.

3.34. (a) 함수 $y=\dfrac{5\sqrt{x^2+6x+8}+12}{x+3}$ 의 최댓값을 구하여라.

(b) 함수 $y=\dfrac{\sqrt[3]{\left(x^2+1\right)^2\left(x^2+3\right)}}{3x^2+4}$ 의 최댓값을 구하여라.

3.35. $\angle APB=\angle BPC=\angle CPA=90^0$ 인 삼각뿔 $PABC$ 의 여섯 모서리의 합을 S 라 하자. 이러한 삼각뿔들 중에서 부피가 최대인 삼각뿔을 찾아라.

3.36. 다음 연립방정식을 풀어라.

$$\begin{cases} x+y=2 \\ xy-z^2=1 \end{cases}$$

3.37. 다음 연립방정식을 풀어라.

$$\begin{cases} x+y+z=3 \\ x^2+y^2+z^2=3 \end{cases}$$

3.38. 다음과 같은 수 a,b,c,d,e 가 주어졌다. 이때 e 의 최댓값을 구하여라.

$$\begin{cases} a+b+c+d+e=8 \\ a^2+b^2+c^2+d^2+e^2=16 \end{cases}$$

3.39. $1\le x_1\le x_2\le x_3\le x_4\le x_5\le x_6\le 1000$ 에 대해, 식 $\dfrac{x_1}{x_2}+\dfrac{x_3}{x_4}+\dfrac{x_5}{x_6}$ 의 최솟값을 구하여라.

3.40. 방정식 $x^4+y^4+2=4xy$ 을 풀어라.

3.41. 정수 범위에서 방정식 $\frac{xy}{z}+\frac{xz}{y}+\frac{yz}{x}=3$ 을 풀어라.

3.42. 다음 부등식을 증명하여라.

(a) $n\ge 2,\ \ x_1>0, \dots, x_n>0,\ \ \alpha>\beta\ge 0$, $x_1\cdot\ldots\cdot x_n=1$ 에 대해,

$x_1^{\alpha}+\ldots+x_n^{\alpha}\ge x_1^{\beta}+\ldots+x_n^{\beta}$

(b) $n\ge 2,\ \ x_1>0, \dots, x_n>0,\ \ \alpha\ge(n-1)|\beta|$, $x_1\cdot\ldots\cdot x_n=1$ 에 대해,

$x_1^{\alpha}+\ldots+x_n^{\alpha}\ge x_1^{\beta}+\ldots+x_n^{\beta}$

3.43. $x\ge 0,\ y\ge 0,\ z\ge 0$, $x+y+z=1$ 에 대해, 부등식 $x^2y+y^2z+z^2x\le\frac{4}{27}$ 을 증명하여라.

3.44. 다음 부등식을 증명하여라.

(a) $a>0,\ b>0,\ c>0,\ d>0$, $abcd=1$ 에 대해,

$$\frac{1+a}{1+ab}+\frac{1+b}{1+bc}+\frac{1+c}{1+cd}+\frac{1+d}{1+da}\ge 4$$

(b) $a>0,\ b>0,\ c>0,\ d>0$, $abcd=1$ 에 대해,

$$\frac{1+ab}{1+a}+\frac{1+bc}{1+b}+\frac{1+cd}{1+c}+\frac{1+da}{1+d}\ge 4$$

3.45. $0 < a < b < c < d < e < f$, $a + c + e = S$, $b + d + f = T$ 에 대해, 다음 부등식을 증명하여라.

$$2ST > \sqrt{3(S+T)(S(bd+df+fb)+T(ac+ce+ea))}$$

3.46. $a > 0, b > 0, c > 0, d > 0$ 에 대해, 다음 부등식을 증명하여라.

$$\frac{a+\sqrt{ab}+\sqrt[3]{abc}+\sqrt[4]{abcd}}{4} \le \sqrt[4]{a \cdot \frac{a+b}{2} \cdot \frac{a+b+c}{3} \cdot \frac{a+b+c+d}{4}}$$

3.47. 다음 부등식을 증명하여라.

$$a^{12}+(ab)^6+(abc)^4+(abcd)^3 \le 1.43(a^{12}+b^{12}+c^{12}+d^{12})$$

○ 증명

3.1. 양수 a 와 b, b 와 c, c 와 a 에 대해 부등식 (3.2)를 이용하면, 다음 부등식을 얻을 수 있다.

$$\frac{a+b}{2} \ge \sqrt{ab}, \quad \frac{b+c}{2} \ge \sqrt{bc}, \quad \frac{c+a}{2} \ge \sqrt{ca}$$

이제 이들을 서로 곱하면, 부등식 $(a+b)(b+c)(c+a) \ge 8abc$ 가 얻어진다.

3.2. 부등식 좌변의 세 인수는 양수이다. 만약 좌변에서 오직 한 인수만 양수가 아니라면, 증명은 자명하다. 모든 네 인수가 양수인 경우를 살펴보자. 이러한 경우에 수 $a+b+c-d$ 와 $b+c+d-a$, $a+b+c-d$ 와 $d+a+b-c$, $b+c+d-a$ 와 $c+d+a-b$, $c+d+a-b$ 와 $d+a+b-c$ 에 대해 부등식 (3.2)를 이용하면, 다음을 얻을 수 있다.

$$\sqrt{(a+b+c-d)(b+c+d-a)} \le \frac{(a+b+c-d)+(b+c+d-a)}{2} = b+c,$$

$$\sqrt{(a+b+c-d)(d+a+b-c)} \le a+b,$$

$$\sqrt{(b+c+d-a)(c+d+a-b)} \le c+d,$$

$$\sqrt{(c+d+a-b)(d+a+b-c)} \le a+d$$

이제, 이 부등식들을 서로 곱하면, 구하는 부등식이 얻어진다.

3.3. (a) 주어진 부등식은 다음 부등식과 동치이다.

$$abc \ge (a+b-c)(a+c-b)(b+c-a)$$

이제 연습문제 3.5를 생각하면 된다.

(b) 주어진 부등식은 다음 부등식과 동치이다.

$$7abc + a^3 + b^3 + c^3 > a^2b + b^2a + c^2a + a^2c + b^2c + c^2b$$

이 부등식의 증명은 연습문제 3.3(a)로부터 유도된다.

3.4. 증명하는 부등식은 다음 부등식과 동치이다.

$$\log(a-1)\log(a+1) < \log^2 a$$

$\log(a-1) \le 0$ 이면, $\log(a-1)\log(a+1) \le 0 < \log^2 a$ 가 된다.

만약 $\log(a-1) > 0$ 이면, 부등식 (3.2)를 이용하여 다음을 얻을 수 있다.

$$2\sqrt{\log(a-1)\log(a+1)} \le \log(a-1) + \log(a+1) = \log(a^2-1) < \log a^2$$

이 부등식은 $\log(a-1)\log(a+1) < \log^2 a$ 과 동치이다.

두 번째 증명 방법. 증명하려는 부등식은 다음과 동치이다.

$$1-\frac{\log(a-1)}{\log a}>1-\frac{\log a}{\log(a+1)} \quad \text{또는} \quad \frac{\log\frac{a}{a-1}}{\log a}>\frac{\log\frac{a+1}{a}}{\log(a+1)}$$

이 부등식의 증명은 $\frac{a}{a-1}>\frac{a+1}{a}>1$, $a+1>a>1$로부터 유도된다.

3.5. $a>0, b>0, c>0$이므로, 적어도 부등식 우변의 두 인수는 양수가 된다. 만약 오직 한 인수가 양수가 아니라면, 부등식은 자명하다.

부등식 우변의 세 인수 모두가 양수인 경우를 살펴보자.

부등식 $\frac{x+y}{2}\ge\sqrt{xy}$를 이용하면, 양수에 대한 다음 부등식을 얻을 수 있다.

$$\sqrt{(a+b-c)(a+c-b)}\le\frac{(a+b-c)+(a+c-b)}{2}=a,$$

$$\sqrt{(a+b-c)(b+c-a)}\le b,\ \sqrt{(a+c-b)(b+c-a)}\le c$$

얻어진 부등식들을 서로 곱하면, 주어진 부등식이 유도된다.

3.6. 다음이 성립한다.

$$\frac{x^8+y^8}{2}\ge\left(\frac{x^4+y^4}{2}\right)^2\ge\left(\frac{x^2+y^2}{2}\right)^4\ge\left(\frac{x+y}{2}\right)^8=\frac{1}{128}$$

3.7. $a+b=1$이므로, (3.2)로부터 $\frac{1}{ab}\ge 4$가 얻어진다. 결국 부등식 (3.7)에 의해, 다음이 성립한다.

$$\frac{\left(a+\frac{1}{a}\right)^2+\left(b+\frac{1}{b}\right)^2}{2}\ge\left(\frac{a+\frac{1}{a}+b+\frac{1}{b}}{2}\right)^2=\left(\frac{1+\frac{1}{ab}}{2}\right)^2\ge\left(\frac{1+4}{2}\right)^2=\frac{25}{4}$$

3.8. $x_1 + \ldots + x_n = 1$ 이므로, (3.6)으로부터 $\frac{1}{x_1} + \ldots + \frac{1}{x_n} \ge n^2$ 이 유도된다. 부등식 (3.7)을 이용하면, 다음이 얻어진다.

$$\left(x_1 + \frac{1}{x_1}\right)^2 + \ldots + \left(x_n + \frac{1}{x_n}\right)^2 \ge n\left(\frac{x_1 + \frac{1}{x_1} + \ldots + x_n + \frac{1}{x_n}}{n}\right)^2$$

$$= n\left(\frac{1 + \frac{1}{x_1} + \ldots + \frac{1}{x_n}}{n}\right)^2 \ge n\left(\frac{1+n^2}{n}\right)^2 = \frac{\left(1+n^2\right)^2}{n}$$

3.9. 부등식 (3.2)를 사용하면, 다음이 얻어진다.

$$a^4 + b^4 \ge 2a^2b^2,\quad b^4 + c^4 \ge 2b^2c^2,\quad c^4 + a^4 \ge 2c^2a^2$$

얻어진 부등식들을 서로 더하자.

$$a^4 + b^4 + c^4 \ge a^2b^2 + b^2c^2 + c^2a^2 \tag{3.9}$$

다시 부등식 (3.2)에 의해, 다음이 얻어진다.

$$a^2b^2 + b^2c^2 \ge 2ab^2c,\quad b^2c^2 + c^2a^2 \ge 2abc^2,\quad c^2a^2 + a^2b^2 \ge 2a^2bc$$

이 부등식들을 서로 더하면,

$$a^2b^2 + b^2c^2 + c^2a^2 \ge abc\left(a+b+c\right) \tag{3.10}$$

부등식 (3.9)와 (3.10)으로부터 $a^4 + b^4 + c^4 \ge abc\left(a+b+c\right)$가 얻어진다.

3.10. 항등식 $x^2 + y^2 = \left(x-y\right)^2 + 2xy$ 와 조건 $xy = 1$ 을 이용하면, 다음이 얻어진다.

$$x^2 + y^2 = \left(x-y\right)^2 + \left(\sqrt{2}\right)^2 \ge 2\sqrt{2}\left(x-y\right)$$

3.11. 임의의 값 λ 에 대해 부등식 (3.2)로부터 다음이 성립한다.

$$(6a_i+1)+\lambda^2 \geq 2\lambda\sqrt{6a_i+1}, \quad i=1,\ldots,5$$

얻어진 부등식들을 서로 더하고, $\lambda>0$ 에 대해 조건 $a_1+\ldots+a_5=1$ 을 생각하면, 다음을 얻을 수 있다.

$$\frac{11+5\lambda^2}{2\lambda} \geq \sum_{i=1}^{n}\sqrt{6a_i+1}$$

이때 $\lambda=\sqrt{\frac{11}{5}}$ 로 잡으면, $\sqrt{55} \geq \sum_{i=1}^{5}\sqrt{6a_i+1}$ 이 얻어진다.

3.12. 부등식 (3.2)를 이용하면, 다음이 얻어진다.

$$5\sqrt{ab}+7\sqrt{ac}+3\sqrt{bc} \leq \frac{5(a+b)}{2}+\frac{7(a+c)}{2}+\frac{3(b+c)}{2}=6a+4b+5c$$

3.13. $a^4+b^4 \geq 2a^2b^2$ 이면

$2(a^4+b^4)+17 \geq 4a^2b^2+17 > 4(a^2b^2+4) \geq 16ab$ 이므로,

$2(a^4+b^4)+17 > 16ab$ 이다.

3.14. (a) 수 $\frac{1}{b+c-a}$ 와 $\frac{1}{a-b+c}$, $\frac{1}{b+c-a}$ 와 $\frac{1}{a+b-c}$, $\frac{1}{a-b+c}$ 와 $\frac{1}{a+b-c}$ 에 대해 부등식 (3.6)을 사용하면, 다음이 얻어진다.

$$\frac{\frac{1}{b+c-a}+\frac{1}{a-b+c}}{2} \geq \frac{1}{c}, \quad \frac{\frac{1}{b+c-a}+\frac{1}{a+b-c}}{2} \geq \frac{1}{b},$$

$$\frac{\frac{1}{a-b+c}+\frac{1}{a+b-c}}{2} \geq \frac{1}{a}$$

얻어진 부등식들을 서로 더하면, 구하는 부등식이 얻어진다.

(b) 연습문제 1.2의 부등식에 의해, 다음이 얻어진다.

$$\frac{a}{\sqrt{2b^2+2c^2-a^2}}+\frac{b}{\sqrt{2c^2+2a^2-b^2}}+\frac{c}{\sqrt{2a^2+2b^2-c^2}}$$

$$=\sqrt{3}\left(\frac{a^2}{\sqrt{3a^2(2b^2+2c^2-a^2)}}+\frac{b^2}{\sqrt{3b^2(2c^2+2a^2-b^2)}}\right.$$

$$\left.+\frac{c^2}{\sqrt{3c^2(2a^2+2b^2-c^2)}}\right) \geq \sqrt{3}\left(\frac{a^2}{\frac{3a^2+(2b^2+2c^2-a^2)}{2}}\right.$$

$$\left.+\frac{b^2}{\frac{3b^2+(2c^2+2a^2-b^2)}{2}}+\frac{c^2}{\frac{3c^2+(2a^2+2b^2-c^2)}{2}}\right)=\sqrt{3}$$

결국, $\frac{a}{\sqrt{2b^2+2c^2-a^2}}+\frac{b}{\sqrt{2c^2+2a^2-b^2}}+\frac{c}{\sqrt{2a^2+2b^2-c^2}} \geq \sqrt{3}$

3.15. $1+\underbrace{b+\cdots+b}_{n} \geq (n+1)\sqrt[n+1]{b^n}$ 이며, 이로부터 $\left(\frac{1+nb}{n+1}\right)^{n+1} \geq b^n$ 이 얻어진다.

3.16. (a) 수 $\underbrace{(1+1/n),\ldots,(1+1/n)}_{n},1$ 에 대해 연습문제 2.1의 부등식을 이용하면, 다음이 얻어진다.

$$\frac{\left(1+\frac{1}{n}\right)+\ldots+\left(1+\frac{1}{n}\right)+1}{n+1} > \sqrt[n+1]{\left(1+\frac{1}{n}\right)^n} \quad \text{또는} \quad \left(1+\frac{1}{n+1}\right)^{n+1} > \left(1+\frac{1}{n}\right)^n$$

(b) 수 $\underbrace{1-\frac{1}{n+1},\ldots,1-\frac{1}{n+1}}_{n+1},1$ 에 대해 연습문제 2.1의 부등식을 이용하면, 다음이 얻어진다.

$$\left(1-\frac{1}{n+2}\right)^{n+2} > \left(1-\frac{1}{n+1}\right)^{n+1} \quad \text{또는} \quad \left(1+\frac{1}{n}\right)^{n+1} > \left(1+\frac{1}{n+1}\right)^{n+2}$$

3.17. 연습문제 2.1의 부등식에 의해, 다음이 성립한다.

$$\sqrt[n]{n!} = \sqrt[n]{1\cdot\ldots\cdot n} < \frac{1+\ldots+n}{n} = \frac{n+1}{2}$$

3.18. (a) $S_n+n = n+\frac{1}{1}+\ldots+\frac{1}{n} = 2+\frac{3}{2}+\ldots+\frac{n+1}{n} > n\cdot\sqrt[n]{2\cdot\frac{3}{2}\cdot\ldots\cdot\frac{n+1}{n}} = n\cdot\sqrt[n]{n+1}$

(b) $n-S_n = \frac{1}{2}+\ldots+\frac{n-1}{n} > (n-1)\cdot\sqrt[n-1]{\frac{1}{2}\cdot\ldots\cdot\frac{n-1}{n}} = (n-1)n^{\frac{1}{1-n}}$

3.19. 항등식 $q^n-1=(q-1)(q^{n-1}+\ldots+1)$ 와 조건 $q>1$ 을 사용하면, 주어진 부등식과 동치인 다음 부등식을 얻을 수 있다.

$$(q^{n-1}+\ldots+1)(q^{n+1}+1) \ge 2nq^n \tag{3.11}$$

$n>1$ 인 경우에 연습문제 2.1의 부등식으로부터 다음이 얻어진다.

$$q^{n-1}+\ldots+1 \ge n\cdot\sqrt[n]{q^{n-1}\cdot\ldots\cdot 1} = nq^{\frac{n-1}{2}}, \quad q^{n+1}+1 \ge 2q^{\frac{n+1}{2}}$$

얻어진 부등식들을 서로 곱하면 (3.11)이 얻어진다.

3.20. (a) $a^2+b^2+c^2+d^2+ab+ac+ad+bc+bd+cd \geq 10\cdot\sqrt[10]{(abcd)^5}=10$

(b) $a,b,c>0$ 이므로, 적어도 부등식 좌변의 두 인수는 양수가 된다(연습문제 1.9(a)를 참고할 것). 만약 오직 한 인수만 양수가 아니라면, 부등식은 자명하다. 부등식 좌변의 모든 세 인수가 양수인 경우를 살펴보자. 다음을 알 수 있다.

$$3+3abc=b(a-1+\frac{1}{b})+c(b-1+\frac{1}{c})+a(c-1+\frac{1}{a})+bc(a-1+\frac{1}{b})$$

$$+ac(b-1+\frac{1}{c})+ab(c-1+\frac{1}{a})$$

연습문제 2.1의 부등식을 이용하면, 다음을 얻을 수 있다.

$$3+3abc \geq 6\sqrt[6]{a^3b^3c^3\left(a-1+\frac{1}{b}\right)^2\left(b-1+\frac{1}{c}\right)^2\left(c-1+\frac{1}{a}\right)^2}$$

이 부등식은 주어진 부등식과 동치이다.

(c) $a+b+c=A$, $\frac{1}{a}+\frac{1}{b}+\frac{1}{c}=B$ 라 놓으면, 다음을 증명하면 된다.

$$t^3+(AB-A-B)t^2+(\frac{a}{c}+\frac{b}{a}+\frac{c}{b}+A+B-2AB)t+AB+2-A-B\geq 0$$

$t=1$ 일 때 이 부등식은 성립한다. 왜냐 하면, $t=1$ 인 경우에 이 부등식은 연습문제 3.20(b)의 부등식($abc=1$ 일 때)과 동치이다.

결국 $t=1$ 일 때 위의 부등식으로부터 $\frac{a}{c}+\frac{b}{a}+\frac{c}{b}\geq A+B-3$ 을 얻을 수 있다. $t>0$, $A=a+b+c\geq 3\sqrt[3]{abc}=3, B=\frac{1}{a}+\frac{1}{b}+\frac{1}{c}\geq 3\sqrt[3]{\frac{1}{abc}}=3$, $AB+2-A-B=(A-1)(B-1)+1>0$ 이므로, 다음이 성립한다.

$$t^3+(AB-A-B)t^2+(\frac{a}{c}+\frac{b}{a}+\frac{c}{b}+A+B-2AB)t+AB+2-A-B\geq$$
$$\geq t^3+(AB-A-B)t^2+(2A+2B-2AB-3)t+AB+2-A-B=$$
$$=(t-1)^2(t+AB+2-A-B)\geq 0$$

3.21. $a_n+\underbrace{\sqrt[n-1]{a_1\cdot\ldots\cdot a_{n-1}}+\ldots+\sqrt[n-1]{a_1\cdot\ldots\cdot a_{n-1}}}_{n-1}\geq n\cdot\sqrt[n]{a_n\cdot\underbrace{\sqrt[n-1]{a_1\cdot\ldots\cdot a_{n-1}}\cdot\ldots\cdot\sqrt[n-1]{a_1\cdot\ldots\cdot a_{n-1}}}_{n-1}}$

이며, 이로부터 $n\sqrt[n]{a_1\cdot\ldots\cdot a_n}-(n-1)\sqrt[n-1]{a_1\cdot\ldots\cdot a_{n-1}}\leq a_n$ 이 성립한다.

3.22.

$$\sqrt[n]{\frac{a_1}{a_1+b_1+\ldots+k_1}\cdot\frac{a_2}{a_2+b_2+\ldots+k_2}\cdot\ldots\cdot\frac{a_n}{a_n+b_n+\ldots+k_n}}+$$
$$+\sqrt[n]{\frac{b_1}{a_1+b_1+\ldots+k_1}\cdot\frac{b_2}{a_2+b_2+\ldots+k_2}\cdot\ldots\cdot\frac{b_n}{a_n+b_n+\ldots+k_n}}+\ldots+$$
$$+\sqrt[n]{\frac{k_1}{a_1+b_1+\ldots+k_1}\cdot\frac{k_2}{a_2+b_2+\ldots+k_2}\cdot\ldots\cdot\frac{k_n}{a_n+b_n+\ldots+k_n}}\leq$$
$$\leq\frac{1}{n}\left(\frac{a_1}{a_1+b_1+\ldots+k_1}+\frac{a_2}{a_2+b_2+\ldots+k_2}+\ldots+\frac{a_n}{a_n+b_n+\ldots+k_n}\right)+$$
$$+\frac{1}{n}\left(\frac{b_1}{a_1+b_1+\ldots+k_1}+\frac{b_2}{a_2+b_2+\ldots+k_2}+\ldots+\frac{b_n}{a_n+b_n+\ldots+k_n}\right)+\ldots+$$
$$+\frac{1}{n}\left(\frac{k_1}{a_1+b_1+\ldots+k_1}+\frac{k_2}{a_2+b_2+\ldots+k_2}+\ldots+\frac{k_n}{a_n+b_n+\ldots+k_n}\right)=$$
$$=\frac{1}{n}\left(\frac{a_1}{a_1+b_1+\ldots+k_1}+\frac{b_1}{a_1+b_1+\ldots+k_1}+\ldots+\frac{k_1}{a_1+b_1+\ldots+k_1}\right)+$$
$$+\frac{1}{n}\left(\frac{a_2}{a_2+b_2+\ldots+k_2}+\frac{b_2}{a_2+b_2+\ldots+k_2}+\ldots+\frac{k_2}{a_2+b_2+\ldots+k_2}\right)+\ldots+$$

$$+\frac{1}{n}\left(\frac{a_n}{a_n+b_n+\ldots+k_n}+\frac{b_n}{a_n+b_n+\ldots+k_n}+\ldots+\frac{k_n}{a_n+b_n+\ldots+k_n}\right)=1$$

3.23. 다음을 알 수 있다.

$$a_1 \ge \frac{1}{1\cdot 2}a_1+\frac{1}{2\cdot 3}a_1+\ldots+\frac{1}{n(n+1)}a_1,$$

$$a_2 \ge \frac{2}{2\cdot 3}a_2+\frac{2}{3\cdot 4}a_2+\ldots+\frac{2}{n(n+1)}a_2,\ \ldots,\ a_n \ge \frac{n}{n(n+1)}a_n$$

결국,

$$a_1+a_2+\ldots+a_n \ge \frac{a_1}{2}+\frac{a_1+2a_2}{2\cdot 3}+\ldots+\frac{a_1+2a_2+\ldots+ka_k}{k(k+1)}+\ldots$$

$+\dfrac{a_1+2a_2+\ldots+na_n}{n(n+1)}$ 이다. $k=1,\ldots,n$ 에 대해 다음을 증명하자.

$$e\frac{a_1+2a_2+\ldots+ka_k}{k(k+1)} \ge (a_1\cdot\ldots\cdot a_k)^{\frac{1}{k}}$$

연습문제 2.1의 부등식에 의해, 다음이 성립한다.

$$\frac{a_1+2a_2+\ldots+ka_k}{k(k+1)} \ge \frac{\sqrt[k]{a_1\cdot 2a_2\cdot\ldots\cdot ka_k}}{k+1}=\frac{\sqrt[k]{k!}}{k+1}(a_1\cdot\ldots\cdot a_k)^{\frac{1}{k}}$$

이제 $\dfrac{\sqrt[k]{k!}}{k+1}>\dfrac{1}{e}$ 또는 $k!>\left(\dfrac{k+1}{e}\right)^k$ 을 증명하면 된다(연습문제 7.18을 참고할 것). 이와 같이 다음이 얻어진다.

$$e(a_1+\ldots+a_n) \ge \sum_{k=1}^{n} e\frac{a_1+2a_2+\ldots+ka_k}{k(k+1)} \ge \sum_{k=1}^{n}(a_1\cdot\ldots\cdot a_k)^{\frac{1}{k}}$$

이제 주어진 부등식에서 e를 더 작은 수로 바꾸는 것이 불가능하다는 것을 증명하자.

$c\left(a_1+\ldots+a_n\right)\geq\sum_{k=1}^{n}\left(a_1\cdot\ldots\cdot a_k\right)^{\frac{1}{k}}$ 에서 $a_k=\frac{1}{k},\quad k=1,\ldots,n$ 로 하면, 다음 부등식이 얻어진다.

$$c\sum_{k=1}^{n}\frac{1}{k}\geq\sum_{k=1}^{n}\frac{1}{\left(k!\right)^{\frac{1}{k}}}>\sum_{k=8}^{n}\frac{e}{k\cdot\sqrt[k]{k}} \tag{3.12}$$

(여기서 연습문제 14.18의 부등식이 사용되었음).

한편, 연습문제 7.17의 부등식에 의해 다음이 얻어진다.

$$\left(1+\sqrt{\frac{2}{k}}\right)^{k}>1+k\sqrt{\frac{2}{k}}+\frac{k\left(k-1\right)}{2}\left(\sqrt{\frac{2}{k}}\right)^{2}>k$$

이로부터 $\sqrt[k]{k}<1+\sqrt{\frac{2}{k}}$ 이고, 결국 다음이 된다.

$$\sum_{k=8}^{n}\frac{e}{k\cdot\sqrt[k]{k}}>\sum_{k=8}^{n}\frac{e}{k\left(1+\sqrt{\frac{2}{k}}\right)} \tag{3.13}$$

(3.12)와 (3.13)으로부터 $e\sum_{k=8}^{n}\frac{1}{k\left(1+\sqrt{\frac{2}{k}}\right)}<c\sum_{k=1}^{n}\frac{1}{k}$ 또는

$e\cdot\sum_{k=8}^{n}\frac{1}{k}-e\cdot\sum_{k=8}^{n}\frac{\sqrt{\frac{2}{k}}}{k\left(1+\sqrt{\frac{2}{k}}\right)}<c\sum_{k=1}^{n}\frac{1}{k}$ 이 유도되고, 이로부터 다음이 얻어진다.

$$e\cdot\sum_{k=8}^{n}\frac{1}{k}-e\cdot\sum_{k=8}^{n}\frac{\sqrt{2}}{k\sqrt{k}}<c\sum_{k=1}^{n}\frac{1}{k} \quad \text{또는} \quad \alpha_n\cdot e-\sqrt{2}e\cdot\frac{\sum_{k=1}^{n}\frac{1}{k\sqrt{k}}}{\sum_{k=1}^{n}\frac{1}{k}}<c$$

이때 $\alpha_n = \dfrac{\sum_{k=8}^{n}\frac{1}{k}}{\sum_{k=1}^{n}\frac{1}{k}} = 1 - \dfrac{\sum_{k=1}^{7}\frac{1}{k}}{\sum_{k=1}^{n}\frac{1}{k}}$ 이다.

극한을 취하면 $e \le c$ 가 된다(연습문제 7.15와 7.16을 참고할 것).

3.24. (a) $n-k+ka^n = \underbrace{1+\ldots+1}_{n-k} + \underbrace{a^n+\ldots+a^n}_{k} \ge n\cdot\sqrt[n]{1\cdot\ldots\cdot 1\cdot \underbrace{a^n\cdot\ldots\cdot a^n}_{k}} = na^k$ 를

생각하면, $n-k \ge na^k - ka^n$ 이 된다.

(b) $\dfrac{x^k}{y^{k-1}} + (k-1)y \ge k\sqrt[k]{\dfrac{x^k}{y^{k-1}}\cdot y^{k-1}} = kx$ 를 생각하자(이때 $k\in N, k\ge 2$).

결국 $\dfrac{x^k}{y^{k-1}} \ge kx-(k-1)y$ 가 성립한다. 이 부등식으로부터 다음을 얻을 수 있다.

$$\frac{x_1^{\ 2}}{x_2}+\frac{x_2^{\ 3}}{x_3^{\ 2}}+\ldots+\frac{x_n^{\ n+1}}{x_1^{\ n}} \ge (2x_1-x_2)+(3x_2-2x_3)+\ldots+(nx_{n-1}-(n-1)x_n)+$$
$$+((n+1)x_n-nx_1) = 2(x_1+\ldots+x_n)-nx_1 \ge x_1+\ldots+x_n$$

결국 $\dfrac{x_1^{\ 2}}{x_2}+\dfrac{x_2^{\ 3}}{x_3^{\ 2}}+\ldots+\dfrac{x_n^{\ n+1}}{x_1^{\ n}} \ge x_1+\ldots+x_n$ 이다.

3.25. 다음을 생각하자.

$$\frac{a^{x_1-x_2}}{x_1+x_2}+\frac{a^{x_2-x_3}}{x_2+x_3}+\ldots+\frac{a^{x_n-x_1}}{x_n+x_1} \ge n\cdot\sqrt[n]{\frac{a^{x_1-x_2}}{x_1+x_2}\cdot\frac{a^{x_2-x_3}}{x_2+x_3}\cdot\ldots\cdot\frac{a^{x_n-x_1}}{x_n+x_1}}$$
$$=\frac{n}{\sqrt[n]{(x_1+x_2)\cdot(x_2+x_3)\cdot\ldots\cdot(x_n+x_1)}} \ge \frac{n}{\frac{(x_1+x_2)+\ldots+(x_n+x_1)}{n}} = \frac{n^2}{2\sum_{i=1}^{n}x_i}$$

3.26. 수 x_i+1과 $\underbrace{1,1,\ldots,1}_{p-1}$에 대해(이때 $i=1,\ldots,n$) 연습문제 2.1의 부등식을 사용하면 다음을 얻을 수 있다.

$$\sqrt[p]{x_i+1}=\sqrt[p]{(x_i+1)\cdot\underbrace{1\cdot\ldots\cdot1}_{p-1}}\le\frac{(x_i+1)+(p-1)\cdot1}{p}=1+\frac{x_i}{p}$$

결국,

$$\sqrt[p]{x_1+1}+\ldots+\sqrt[p]{x_n+1}\le\left(1+\frac{x_1}{p}\right)+\ldots+\left(1+\frac{x_n}{p}\right)=n+\frac{x_1+\ldots+x_n}{p}=n+1 \text{ 이다.}$$

3.27. (a) $1+\alpha\ge0$ 이므로, $1+n\alpha\ge0$ 인 경우에 대해 부등식을 증명하면 된다. 연습문제 2.1의 부등식에 의해 $n>1$ 일 때, 다음 부등식을 얻을 수 있다.

$$\sqrt[n]{(1+n\alpha)\cdot\underbrace{1\cdot\ldots\cdot1}_{n-1}}\le\frac{1+n\alpha+1+\ldots+1}{n}=1+\alpha$$

결국, $1+n\alpha\le(1+\alpha)^n$ 이 성립한다.

(b) 연습문제 3.27(a)의 증명을 참고하라.

3.28. (a) $\cos^6 t\sin^2 t=27\cdot\dfrac{\cos^2 t}{3}\cdot\dfrac{\cos^2 t}{3}\cdot\dfrac{\cos^2 t}{3}\left(1-\cos^2 t\right)$

$$\le27\left(\frac{\frac{\cos^2 t}{3}+\frac{\cos^2 t}{3}+\frac{\cos^2 t}{3}+1-\cos^2 t}{4}\right)^4=\frac{27}{4^4}$$

이로부터 $\left|\cos^3 t\cdot\sin t\right|\le\dfrac{3\sqrt{3}}{16}$ 이며, 결국 $\cos^3 t\sin t\le\dfrac{3\sqrt{3}}{16}$ 이 된다.

(b) 다음이 성립한다.

$$x^k(1-x^m)=(x^{km}(1-x^m)^m)^{\frac{1}{m}}$$

$$=(mx^k\cdot\ldots\cdot mx^k(k-kx^m)\cdot\ldots\cdot(k-kx^m))^{\frac{1}{m}}\cdot\frac{1}{m^{\frac{m}{k}}\cdot k}$$

$$\le\frac{1}{m^{\frac{m}{k}}\cdot k}\cdot\left(\frac{mx^k+\ldots+mx^k+(k-kx^m)+\ldots+(k-kx^m)}{m+k}\right)^{\frac{m+k}{m}}=\frac{k^{\frac{k}{m}}\cdot m}{(m+k)^{\frac{k}{m}+1}}$$

(c) 연습문제 3.28(b)의 부등식에 의해 $x(1-x^2)\le\frac{2\sqrt{3}}{9}$ 이며, 결국 다음이 성립한다.

$$\frac{x}{1-x^2}+\frac{y}{1-y^2}+\frac{z}{1-z^2}=\frac{x^2}{x(1-x^2)}+\frac{y^2}{y(1-y^2)}+\frac{z^2}{z(1-z^2)}$$

$$\ge\frac{9}{2\sqrt{3}}(x^2+y^2+z^2)=\frac{3\sqrt{3}}{2}$$

이로부터 $\frac{x}{1-x^2}+\frac{y}{1-y^2}+\frac{z}{1-z^2}\ge\frac{3\sqrt{3}}{2}$ 이다.

(d) 다음이 성립한다(연습문제 3.28(b)를 참고할 것).

$$\frac{1}{1-x}+\frac{1}{1-y}+\frac{1}{1-z}=\frac{1+x}{1-x^2}+\frac{1+y}{1-y^2}+\frac{1+z}{1-z^2}$$

$$=\frac{1}{1-x^2}+\frac{1}{1-y^2}+\frac{1}{1-z^2}+\frac{x}{1-x^2}+\frac{y}{1-y^2}+\frac{z}{1-z^2}$$

$$\ge\frac{9}{1-x^2+1-y^2+1-z^2}+\frac{x}{1-x^2}+\frac{y}{1-y^2}+\frac{z}{1-z^2}\ge 4.5+1.5\sqrt{3}$$

이로부터 $\frac{1}{1-x}+\frac{1}{1-y}+\frac{1}{1-z}\ge 4.5+1.5\sqrt{3}$ 이 된다.

3.29. 부등식 (3.2)를 이용하면, $x \in [0;1)$ 이므로 다음을 얻을 수 있다.

$$f(x) = (1+x)^{-\frac{1}{n}} + (1-x)^{-\frac{1}{n}} \geq 2\sqrt{(1+x)^{-\frac{1}{n}}(1-x)^{-\frac{1}{n}}} = \frac{2}{\sqrt[2n]{1-x^2}} \geq 2$$

한편 $f(0)=2$ 이며, 함수 $f(x)$ 의 최솟값은 2 이다.

3.30. 함수 $f(x)$를 다음과 같이 나타내자.

$$f(x) = (m+n) \cdot \frac{n \cdot \frac{ax^m}{n} + m \cdot \frac{b}{mx^n}}{m+n}$$

연습문제 2.1의 부등식을 이용하면, 다음을 얻을 수 있다.

$$f(x) \geq (m+n)\sqrt[m+n]{\left(\frac{ax^m}{n}\right)^n \cdot \left(\frac{b}{mx^n}\right)^m} = (m+n)\sqrt[m+n]{\frac{a^n b^m}{n^n m^m}}$$

이때 등호는 $\frac{ax^m}{n} = \frac{b}{mx^n}$ 일 때, 즉 $x = \sqrt[m+n]{\frac{bn}{am}}$ 일 때 성립한다.

정답: $\min\limits_{(0,+\infty)} f(x) = f(x_0) = (m+n)\sqrt[m+n]{\frac{a^n b^m}{n^n m^m}}$, 이때 $x_0 = \sqrt[m+n]{\frac{bn}{am}}$ 이다.

3.31. 함수 $f(x)$를 다음과 같이 나타내자.

$$f(x) = \frac{(x-a)\cdot(x-a)\cdot\alpha(b-x)\cdot\beta(b+x)}{\alpha\beta}$$

이때 $\alpha > 0$, $\beta > 0$ 이다. 연습문제 2.1의 부등식을 이용하면, 다음을 얻을 수 있다.

$$4\sqrt[4]{(x-a)\cdot(x-a)\cdot\alpha(b-x)\cdot\beta(b+x)}$$
$$\le(x-a)+(x-a)+\alpha(b-x)+\beta(b+x)$$
$$=(2-\alpha+\beta)x+(\alpha+\beta)b-2a$$

만약 $\alpha-\beta=2$ 이면, 부등식의 우변은 x 에 종속되지 않으며, 등호는 $x-a=\alpha(b-x)=\beta(b+x)$ 인 경우에 성립한다. 이로부터

$\alpha=\dfrac{x-a}{b-x}$, $\beta=\dfrac{x-a}{b+x}$ 를 얻을 수 있으며, 이것을 $\alpha-\beta=2$ 에 대입하면 이차방정식 $2x^2-ax-b^2=0$ 이 얻어진다. 이 이차방정식은 유일한 양근

$x_0=\dfrac{a+\sqrt{a^2+8b^2}}{4}$ 을 가진다.

어렵지 않게 $x_0\in[a,b]$ 을 보일 수 있다. 결국 $f(x)$ 는 영역 $[a,b]$ 의 점 x_0 에서 최댓값을 가진다.

정답: $x_0=\dfrac{a+\sqrt{a^2+8b^2}}{4}$

3.32. 곱 xyz 를 $xyz=\dfrac{1}{2\sqrt{3}\pi}\cdot 2x\cdot\sqrt{3}y\cdot\pi z$ 로 나타내고, 수 $2x$, $\sqrt{3}y$, πz 에 대해 연습문제 2.1의 부등식을 사용하자. 그러면 다음을 알 수 있다.

$$xyz=\frac{1}{2\sqrt{3}\pi}\cdot 2x\cdot\sqrt{3}y\cdot\pi z\le\frac{1}{2\sqrt{3}\pi}\cdot\left(\frac{2x+\sqrt{3}y+\pi z}{3}\right)^3=\frac{1}{54\sqrt{3}\pi}$$

이때 등호는 $2x=\sqrt{3}y=\pi z$ 일 때 성립한다. 조건 $2x+\sqrt{3}y+\pi z=1$ 을 사용하면, $x=\dfrac{1}{6}$, $y=\dfrac{\sqrt{3}}{9}$, $z=\dfrac{1}{3\pi}$ 을 얻을 수 있다.

정답: $\frac{1}{54\sqrt{3}\pi}$

3.33. $f(0)=0$ 이고, $x<0$ 일 때에 $f(x)<0$, $x>0$ 일 때에 $f(x)>0$ 을 생각하자. 이로부터 함수 $f(x)$는 영역 $(0;+\infty)$에서 최댓값을 가지며 영역 $(-\infty;0)$에서 최솟값을 가진다는 것을 알 수 있다.

첫 번째 방법. 수 ax^2과 b에 대해 부등식 (3.2)는 다음과 같이 된다.

$$\frac{ax^2+b}{2} \geq |x| \cdot \sqrt{ab} \tag{3.14}$$

이때 등호는 $ax^2=b$일 때에 성립한다. 부등식 (3.14)로부터, $x>0$일 때에 $\frac{x}{ax^2+b} \leq \frac{1}{2\sqrt{ab}}$ 이 유도된다. 이로부터 함수 $f(x)$의 최댓값은 $\frac{1}{2\sqrt{ab}}$ 이며, 이 값은 $x=\sqrt{\frac{b}{a}}$ 일 때에 가진다. $f(x)$는 기함수이므로, 함수의 최솟값은 $-\frac{1}{2\sqrt{ab}}$ 이다. 그리고 함수 $f(x)$는 최솟값을 $x=-\sqrt{\frac{b}{a}}$ 에서 가진다.

두 번째 방법. 영역 $(0;+\infty)$에서 함수 $f(x)$는 함수 $g(x)=\frac{1}{ax+\frac{b}{x}}$ 과 일치한다. 이 함수는 함수 $h(x)=ax+\frac{b}{x}$ 가 최솟값을 가지는 점에서 최댓값을 가진다.

곱 $ax \cdot \frac{b}{x}=ab$는 상숫값을 가지므로, 합 $ax+\frac{b}{x}$는 $ax=\frac{b}{x}$ 일 때, 즉

$x=\sqrt{\frac{b}{a}}$ 에서 최솟값을 가진다. 이와 같이, 영역 $(0;+\infty)$의 점 $x=\sqrt{\frac{b}{a}}$ 에서 함수 $f(x)$는 최댓값을 가지며 그 값은 $\frac{1}{2\sqrt{ab}}$ 이다.

함수 $f(x)$의 최솟값을 첫 번째 방법과 유사하게 구할 수 있다.

3.34. (a) $y=\frac{5\sqrt{(x+2)(x+4)}+12}{x+3}$ 이므로, $x\geq -2$ 이면 다음을 알 수 있다.

$$y=\frac{\sqrt{(25x+50)(x+4)}+12}{x+3}\leq\frac{\frac{25x+50+x+4}{2}+12}{x+3}=13$$

$25x+50=x+4$ 일 때, 즉 $x=-\frac{23}{12}$ 에서 $y=13$ 이다. $x\leq -4$ 일 때 $y<0$ 이며, 함수 y 의 최댓값은 13 이다.

(b) 다음이 성립한다.

$$y=\frac{\sqrt[3]{(x^2+1)(x^2+1)\left(\frac{2}{5}x^2+\frac{6}{5}\right)\cdot\frac{5}{2}}}{3x^2+4}=\sqrt[3]{\frac{5}{2}}\cdot\frac{\sqrt[3]{(x^2+1)(x^2+1)\left(\frac{2}{5}x^2+\frac{6}{5}\right)}}{3x^2+4}$$

$$\leq\sqrt[3]{\frac{5}{2}}\cdot\frac{x^2+1+x^2+1+\frac{2}{5}x^2+\frac{6}{5}}{3(3x^2+4)}=\sqrt[3]{\frac{5}{2}}\cdot\frac{12x^2+16}{15(3x^2+4)}=\frac{4}{15}\cdot\sqrt[3]{\frac{5}{2}}$$

$x^2+1=\frac{2}{5}x^2+\frac{6}{5}$ 일 때, 즉 $x^2=\frac{1}{3}$ 일 때에 $y=\frac{4}{15}\cdot\sqrt[3]{\frac{5}{2}}$ 가 된다.

결국 y 의 최댓값은 $\frac{4}{15}\cdot\sqrt[3]{\frac{5}{2}}$ 이다.

3.35. $PA=x,\quad PB=y,\quad PC=z$ 라 하자. 이 경우에 다음이 성립한다.

$$S=x+y+z+\sqrt{x^2+y^2}+\sqrt{y^2+z^2}+\sqrt{z^2+x^2},\ V_{PABC}=\frac{1}{6}xyz$$

$a^2+b^2\geq 2ab$ 이므로, 다음을 알 수 있다.

$$S\geq x+y+z+\sqrt{2}\left(\sqrt{xy}+\sqrt{yz}+\sqrt{xz}\right)\geq 3\sqrt[3]{xyz}+3\sqrt{2}\sqrt[3]{\sqrt{xy}\cdot\sqrt{yz}\cdot\sqrt{xz}}$$

이로부터 $V\leq\frac{1}{6}\cdot\left(\frac{S}{3\left(1+\sqrt{2}\right)}\right)^3$ 이며, $x=y=z=\frac{S}{3\left(1+\sqrt{2}\right)}$ 인 경우에

$V=\frac{1}{6}\cdot\left(\frac{S}{3\left(1+\sqrt{2}\right)}\right)^3$ 을 가지므로, 모서리가 $x=y=z=\frac{S}{3\left(1+\sqrt{2}\right)}$ 인

각뿔이 최대의 부피를 가진다.

3.36. 부등식 (3.2)를 이용하면 $1\geq z^2+1$ 이 얻어지고, 이로부터

$z=0,\quad x=y=1$ 이다.

3.37. $x+y+z=3$, $x^2+y^2+z^2=3$ 이므로 $\frac{x^2+y^2+z^2}{3}\geq\left(\frac{x+y+z}{3}\right)^2$ 에서

등호가 성립한다는 것을 생각하자.

결국 $x=y=z=1$ 이다(연습문제 2.2의 증명을 참고할 것).

3.38. 연습문제 2.2의 부등식 $\frac{a^2+b^2+c^2+d^2}{4}\geq\left(\frac{a+b+c+d}{4}\right)^2$ 에 의해, 다음이

성립한다.

$$\frac{16-e^2}{4} \ge \left(\frac{8-e}{4}\right)^2$$

결국 $5e^2 - 16e \le 0$ 이다. 이로부터 $0 \le e \le 3.2$ 이다. $a = b = c = d = 1.2$ 이면 $e = 3.2$ 이므로, e 의 최댓값은 3.2 이다.

3.39. 다음이 성립한다.

$$\frac{x_1}{x_2} + \frac{x_3}{x_4} + \frac{x_5}{x_6} \ge \frac{1}{x_2} + \frac{x_2}{x_4} + \frac{x_4}{x_6} \ge 3\sqrt[3]{\frac{1}{x_2} \cdot \frac{x_2}{x_4} \cdot \frac{x_4}{x_6}} = 3\sqrt[3]{\frac{1}{x_6}} \ge 0.3$$

$x_1 = 1,\quad x_2 = 10,\quad x_3 = 10,\quad x_4 = 10^2,\quad x_5 = 10^2,\quad x_6 = 10^3$ 일 때

$\frac{x_1}{x_2} + \frac{x_3}{x_4} + \frac{x_5}{x_6} = 0.3$ 이며, 결국 식 $\frac{x_1}{x_2} + \frac{x_3}{x_4} + \frac{x_5}{x_6}$ 의 최솟값은 0.3 이다.

3.40. 수 $x^4, y^4, 1, 1$ 에 대해 연습문제 2.1의 부등식을 이용하자. 다음이 성립한다.

$$x^4 + y^4 + 1 + 1 \ge 4\sqrt[4]{x^4 \cdot y^4 \cdot 1 \cdot 1} = 4|x| \cdot |y| \ge 4xy$$

결국 $x^4 + y^4 + 2 \ge 4xy$ 이며, $x^4 = y^4 = 1$ 이다.

정답: $(1;1)$, $(-1;-1)$

3.41. $(xy)^2 + (yz)^2 + (zx)^2 = 3xyz$ 가 성립하며, $xyz > 0$ 이다. 그러나 $xyz \in Z$ 이므로 $xyz \ge 1$ 이다. 연습문제 2.1의 부등식에 의해 다음이 성립한다.

$$3xyz = (xy)^2 + (yz)^2 + (zx)^2 \ge 3xyz \cdot \sqrt[3]{xyz} \ge 3xyz$$

결국 $xyz = 1$ 이며, 부등식 (2.1)에서 등호가 성립한다. 그러므로

$(xy)^2=(yz)^2=(zx)^2$ 이다. $x^2=y^2=z^2=1$ 이다.

정답: $(1;1;1)$, $(1;-1;-1)$, $(-1;1;-1)$, $(-1;-1;1)$

3.42. (a) $x>0, \alpha>\beta\geq 0$ 일 때 $(x^{\alpha-\beta}-1)(x^{\beta}-1)\geq 0$ 이므로

$x^{\alpha}-x^{\beta}\geq x^{\alpha-\beta}-1$ 이 성립한다는 것을 생각하자. 결국 다음을 알 수 있다.

$$x_1^{\alpha}+\ldots+x_n^{\alpha}-(x_1^{\beta}+\ldots+x_n^{\beta})=(x_1^{\alpha}-x_1^{\beta})+\ldots+(x_n^{\alpha}-x_n^{\beta})$$

$$\geq(x_1^{\alpha-\beta}-1)+\ldots+(x_n^{\alpha-\beta}-1)$$

$$=x_1^{\alpha-\beta}+\ldots+x_n^{\alpha-\beta}-n\geq n\sqrt[n]{x_1^{\alpha-\beta}\cdot\ldots\cdot x_n^{\alpha-\beta}}-n=0$$

즉 $x_1^{\alpha}+\ldots+x_n^{\alpha}\geq x_1^{\beta}+\ldots+x_n^{\beta}$ 이다.

(b) 만약 $\beta\geq 0$ 이면, 연습문제 3.42(a)에 의해

$x_1^{\alpha}+\ldots+x_n^{\alpha}\geq x_1^{\beta}+\ldots+x_n^{\beta}$ 이 성립한다. 만약 $\beta<0$ 이면, 다음이 성립한다.

$$x_1^{\beta}+\ldots+x_n^{\beta}=\frac{1}{x_1^{-\beta}}+\ldots+\frac{1}{x_n^{-\beta}}$$

$$=x_2^{-\beta}\cdot\ldots\cdot x_n^{-\beta}+\ldots+x_1^{-\beta}\cdot\ldots\cdot x_{n-1}^{-\beta}\leq\frac{x_2^{-\beta(n-1)}+\ldots+x_n^{-\beta(n-1)}}{n-1}$$

$$+\ldots+\frac{x_1^{-\beta(n-1)}+\ldots+x_{n-1}^{-\beta(n-1)}}{n-1}=x_1^{-\beta(n-1)}+\ldots+x_n^{-\beta(n-1)}\leq x_1^{\alpha}+\ldots+x_n^{\alpha}$$

즉 $x_1^{\alpha}+\ldots+x_n^{\alpha}\geq x_1^{\beta}+\ldots+x_n^{\beta}$ 이다.

3.43. 다음이 성립한다.

$$y^2+xz>\frac{4}{27}(3-3z+z^2), z^2+xy>\frac{4}{27}(3-3x+x^2), x^2+yz>\frac{4}{27}(3-3y+y^2)$$

이 부등식들을 더하면, $23(x^2+y^2+z^2)+27(xy+yz+zx)>24$ 가 된다.

이로부터 다음을 알 수 있다.

$23=23(x+y+z)^2\geq 23(x^2+y^2+z^2)+27(xy+yz+zx)$

이것은 불가능하다.

$z^2+xy\leq\frac{4}{27}(3-3x+x^2)$ 라 하자. 그러면 다음이 성립한다.

$$x^2y+y^2z+z^2x$$

$$=x(z^2+xy)+y^2z\leq\frac{4}{27}x(3-3x+x^2)+4\left(\frac{0.5y+0.5y+z}{3}\right)^3=\frac{4}{27}$$

결국 $x^2y+y^2z+z^2x\leq\frac{4}{27}$ 이다.

3.44. (a) 다음을 생각하자.

$$\frac{1+a}{1+ab}+\frac{1+b}{1+bc}+\frac{1+c}{1+cd}+\frac{1+d}{1+da}$$

$$=\frac{cd+acd}{cd+abcd}+\frac{ad+adb}{ad+abcd}+\frac{1+c}{1+cd}+\frac{1+d}{1+da}$$

$$=1+\frac{c(1+ad)}{1+cd}+1+\frac{d(1+ab)}{1+da}\geq 2+2\sqrt{\frac{cd(1+ab)}{1+cd}}=4$$

결국 $\frac{1+a}{1+ab}+\frac{1+b}{1+bc}+\frac{1+c}{1+cd}+\frac{1+d}{1+da}\geq 4$ 이다.

(b) 다음을 생각하자.

$$\frac{1+ab}{1+a}+\frac{1+bc}{1+b}+\frac{1+cd}{1+c}+\frac{1+da}{1+d}$$
$$=\frac{cd+abcd}{cd+acd}+\frac{1+bc}{1+b}+\frac{1+cd}{1+c}+\frac{bc+abcd}{bc+bcd}$$

$$\geq (1+cd)\frac{4}{cd+acd+1+c}+(1+bc)\frac{4}{1+b+bc+bcd}$$
$$=(1+cd)\frac{4b}{bcd+abcd+b+bc}+(1+bc)\frac{4}{1+b+bc+bcd}$$
$$=\frac{4(b(1+cd)+1+bc)}{1+b+bc+bcd}=4$$

결국 $\frac{1+ab}{1+a}+\frac{1+bc}{1+b}+\frac{1+cd}{1+c}+\frac{1+da}{1+d}\geq 4$ 이다.

3.45. $(c-b)(c-d)+(e-f)(e-d)+(e-f)(c-b)<0$ 을 생각하면, 다음이 성립한다.

$(bd+df+fb)-(ac+ce+ea)<(c+e)(b+d+f-a-c-e)$ 또는

$\tau-\sigma<s(T-S)$

이때 $\tau=bd+df+fb$, $\sigma=ac+ce+ea$, $s=c+e$ 이다.

그러면 다음을 알 수 있다.

$$S\tau+T\sigma=S(\tau-\sigma)+(S+T)\sigma<Ss(T-S)+(S+T)(ce+as)\leq$$

$$\leq Ss(T-S)+(S+T)\left(\frac{s^2}{4}+as\right)=s\left(2ST-\frac{3}{4}(S+T)s\right)$$

결국 다음이 성립한다.

$$\sqrt{\frac{3}{4}(S+T)(S\tau+T\sigma)}<\sqrt{\frac{3}{4}(S+T)s\cdot\left(2ST-\frac{3}{4}(S+T)s\right)}$$

$$\le \frac{1}{2}\left(\frac{3}{4}(S+T)s+\left(2ST-\frac{3}{4}(S+T)s\right)\right)=ST$$

그러므로 $\sqrt{3(S+T)(S(bd+df+fb)+T(ac+ce+ea))}<2ST$ 이다.

3.46. 다음을 생각하자.

$$\frac{a+\sqrt{ab}+\sqrt[3]{abc}+\sqrt[4]{abcd}}{\sqrt[4]{a\cdot\frac{a+b}{2}\cdot\frac{a+b+c}{3}\cdot\frac{a+b+c+d}{4}}}$$

$$=\sqrt[4]{1\cdot\frac{2a}{a+b}\cdot\frac{3a}{a+b+c}\cdot\frac{4a}{a+b+c+d}}+\sqrt[4]{1\cdot\frac{2a}{a+b}\cdot\frac{3b}{a+b+c}\cdot\frac{4b}{a+b+c+d}}$$

$$+\sqrt[12]{1\cdot1\cdot1\cdot\frac{2b}{a+b}\cdot\frac{2b}{a+b}\cdot\frac{2b}{a+b}\cdot\frac{3a}{a+b+c}\cdot\frac{3b}{a+b+c}\cdot\frac{3c}{a+b+c}\cdot\frac{4c}{a+b+c+d}\cdot\frac{4c}{a+b+c+d}\cdot\frac{4c}{a+b+c+d}}$$

$$+\sqrt[4]{1\cdot\frac{2b}{a+b}\cdot\frac{3c}{a+b+c}\cdot\frac{4d}{a+b+c+d}}\le\frac{1}{4}\left(1+\frac{2a}{a+b}+\frac{3a}{a+b+c}+\frac{4a}{a+b+c+d}\right)$$

$$+\frac{1}{4}\left(1+\frac{2a}{a+b}+\frac{3b}{a+b+c}+\frac{4b}{a+b+c+d}\right)$$

$$+\frac{1}{12}\left(3+\frac{6b}{a+b}+\frac{3a}{a+b+c}+\frac{3b}{a+b+c}+\frac{3c}{a+b+c}+\frac{12c}{a+b+c+d}\right)$$

$$+\frac{1}{4}\left(1+\frac{2b}{a+b}+\frac{3c}{a+b+c}+\frac{4d}{a+b+c+d}\right)=4$$

결국 $\frac{a+\sqrt{ab}+\sqrt[3]{abc}+\sqrt[4]{abcd}}{4}\le\sqrt[4]{a\cdot\frac{a+b}{2}\cdot\frac{a+b+c}{3}\cdot\frac{a+b+c+d}{4}}$ 이다.

3.47. 일반성을 잃지 않고 $a\ge0, b\ge0, c\ge0, d\ge0$ 이라 할 수 있다. x, y, z 를 임의의 양수라 하고, 코시 부등식(연습문제 2.1의 부등식)을 사용하면, 다음을 얻을 수 있다.

$$a^{12}+(ab)^6+(abc)^4+(abcd)^3=a^{12}+\frac{1}{x^6}(xa\cdot b)^6+\frac{1}{x^4y^8}(xya\cdot yb\cdot c)^4$$

$$+\frac{1}{x^3y^6z^9}(xyza\cdot yzb\cdot zc\cdot d)^3\le a^{12}+\frac{1}{2x^6}(x^{12}a^{12}+b^{12})$$

$$+\frac{1}{3x^4y^8}(x^{12}y^{12}a^{12}+y^{12}b^{12}+c^{12})$$

$$+\frac{1}{4x^3y^6z^9}(x^{12}y^{12}z^{12}a^{12}+y^{12}z^{12}b^{12}+z^{12}c^{12}+d^{12})=A(a^{12}+b^{12}+c^{12}+d^{12})$$

수 x,y,z를 다음과 같이 잡자.

$$1+\frac{x^6}{2}+\frac{x^8y^4}{3}+\frac{x^9y^6z^3}{4}=\frac{1}{2x^6}+\frac{y^4}{3x^4}+\frac{y^6z^3}{4x^3}=\frac{1}{3x^4y^8}+\frac{z^3}{4x^3y^6}=\frac{1}{4x^3y^6z^9}=A$$

그러면 다음을 알 수 있다.

$$x^{12}=1-\frac{1}{A},\ y^{12}=1-\frac{1}{2\sqrt{A(A-1)}},\ z^{12}=1-\frac{1}{3\sqrt[3]{A\left(\sqrt{A(A-1)}-0.5\right)^2}},$$

$$\frac{256}{27}A\left(3\sqrt[3]{A\left(\sqrt{A(A-1)}-0.5\right)^2}-1\right)^3=1 \qquad (3.15)$$

영역 $[1.42;1.43]$에서 함수 $f(t)=\frac{256}{27}t\left(3\sqrt[3]{t\left(\sqrt{t(t-1)}-0.5\right)^2}-1\right)^3-1$를 생각하자. 다음을 알 수 있다.

$$f(1.42)=\frac{256}{27}\cdot 1.42\left(3\sqrt[3]{1.42\left(\sqrt{1.42\cdot 0.42}-0.5\right)^2}-1\right)^3-1$$

$$<\frac{256}{27}\cdot 1.42\left(3\sqrt[3]{1.42\cdot 0.2723^2}-1\right)^3-1<\frac{256}{27}\cdot 1.42(3\cdot 0.4723-1)^3-1<0$$

$$f(1.43)=\frac{256}{27}\cdot 1.43\left(3\sqrt[3]{1.43\left(\sqrt{1.43\cdot 0.43}-0.5\right)^2}-1\right)^3-1$$

$$> \frac{256}{27} \cdot 1.43\left(3\sqrt[3]{1.43 \cdot 0.08} - 1\right)^3 - 1 > \frac{256}{27} \cdot 1.43\left(3 \cdot 0.48 - 1\right)^3 - 1 > 0$$

결국 $1.42 < A < 1.43$, $f(A) = 0$인 수 A가 존재하며, 이때 (3.15)는 성립한다.

즉 $x > 0, y > 0, z > 0, (A > 1.42)$이며, 다음이 성립한다.

$$a^{12} + (ab)^6 + (abc)^4 + (abcd)^3 \le A(a^{12} + b^{12} + c^{12} + d^{12})$$

$$\le 1,43(a^{12} + b^{12} + c^{12} + d^{12})$$

내 힘으로 해결하기

다음 부등식을 증명하여라(1-16, 20-26).

1. $\frac{1}{p} + \frac{1}{q} = 1, \quad a > 0, b > 0, p > 0, q > 0$, 유리수 p, q에 대해,

$$ab \le \frac{a^p}{p} + \frac{b^q}{q}$$

2. $n \in N$에 대해, $\left(1 + \frac{1}{n}\right)^n > 2$

3. $n \ge 2, \ S = a_1 + \ldots + a_n, \ a_i > 0, \ i = 1, \ldots, n$에 대해,

$$(1 + a_1) \cdot \ldots \cdot (1 + a_n) \le 1 + \frac{S}{1!} + \ldots + \frac{S^n}{n!}$$

4. $a>0, b>0, c>0$, $a+b+c=1$에 대해, $\left(1+\dfrac{1}{a}\right)\left(1+\dfrac{1}{b}\right)\left(1+\dfrac{1}{c}\right)\geq 64$

5. $n\geq 2,\ a>0, n>k,\ \ n,k\in N$ 에 대해, $\sqrt[n]{a^{2n-k}}+\sqrt[n]{a^{2n+k}}\geq 3a-1$

6. $a>0,\ a\neq 1$ 에 대해, $\dfrac{a^n-1}{a^n(a-1)}\geq n+1-a^{\frac{n(n+1)}{2}}$

7. $a>0$ 에 대해, $na^{n+1}+1\geq (n+1)a^n$

8. $n>k,\ \ n,k\in N$ 에 대해,

$$\left(\sqrt{k}+\sqrt{k+1}\right)\left(\sqrt{k+1}+\sqrt{k+2}\right)\cdot\ldots\cdot\left(\sqrt{n}+\sqrt{n+1}\right)\geq$$

$$\left(\sqrt{n}-\sqrt{k}\right)\left(\sqrt{n}+\sqrt{k}-1\right)+2$$

9. $a_i>0,\ i=1,\ldots,n$ 에 대해, $\dfrac{a_1}{a_2}+\ldots+\dfrac{a_{n-1}}{a_n}+\dfrac{a_n}{a_1}\geq n$

10. $0<a_k<a_{k+1},\ k=1,\ldots,n$ 에 대해,

$$a_{n+1}+\frac{1}{a_1(a_2-a_1)(a_3-a_2)\ldots(a_{n+1}-a_n)}\geq n+2$$

11. $0\leq x<1$ 에 대해, $1+\dfrac{x}{2}\leq\dfrac{1}{\sqrt{1-x}}$

12. $0<\alpha<\dfrac{\pi}{2}$ 에 대해, $\sin(2\alpha)<\dfrac{2}{3\alpha-\alpha^3}$

13. $abcde\neq 0$ 에 대해,

$$\left(\frac{a}{b}\right)^4+\left(\frac{b}{c}\right)^4+\left(\frac{c}{d}\right)^4+\left(\frac{d}{e}\right)^4+\left(\frac{e}{a}\right)^4\geq\frac{a}{b}+\frac{b}{c}+\frac{c}{d}+\frac{d}{e}+\frac{e}{a}$$

14. $a>0,\ b>0,\ c>0,\ d>0$ 에 대해,

$$\left(\frac{a}{b}\right)^{1999}+\left(\frac{b}{c}\right)^{1999}+\left(\frac{c}{d}\right)^{1999}+\left(\frac{d}{a}\right)^{1999}\geq\frac{a}{b}+\frac{b}{c}+\frac{c}{d}+\frac{d}{a}$$

15. (a) $n>2$, $a_1>0,\ \ldots,\ a_n>0$ 에 대해,

$$\sqrt{\frac{a_1+a_2}{a_3}}+\sqrt{\frac{a_2+a_3}{a_4}}+\ldots+\sqrt{\frac{a_{n-1}+a_n}{a_1}}+\sqrt{\frac{a_n+a_1}{a_2}}\geq n\sqrt{2}$$

(b) $x^2+y^2+z^2=1$ 에 대해, $\dfrac{x}{1+x^2}+\dfrac{y}{1+y^2}+\dfrac{z}{1+z^2}\leq\dfrac{3\sqrt{3}}{4}$

16. $n\geq 2,\ a_1>0,\ \ldots,\ a_n>0$, $a_1+\ldots+a_n=1$ 에 대해,

$$\left(\frac{1}{a_1^2}-1\right)\cdot\ldots\cdot\left(\frac{1}{a_n^2}-1\right)\geq\left(n^2-1\right)^n$$

17. $0<u\leq\dfrac{7}{16},\ 0<v\leq\dfrac{7}{16},\ 0<w\leq\dfrac{7}{16}$, $u+v+w=1$ 에 대해,

$(1+u)(1+v)(1+w)$ 의 최댓값과 최솟값을 구하여라.

18. $x+y=a$, $x>0, y>0$, $p,q\in N$ 에 대해, 식 $x^p y^q$ 의 최댓값을 구하여라.

19. $|x|<1$, $ax^2+bx+c\le\frac{1}{\sqrt{1-x^2}}$ 인 임의의 x 에 대해, $a+2c$ 의 최댓값을 구하여라.

참고. $x=\frac{1}{\sqrt{2}}$, $x=-\frac{1}{\sqrt{2}}$ 로 하면, $a+2c\le 2\sqrt{2}$ 를 얻을 수 있다.

$a=\sqrt{2},\ b=0,\ c=\frac{1}{\sqrt{2}}$ 일 때에 $\sqrt{2}x^2+\frac{1}{\sqrt{2}}\le\frac{1}{\sqrt{1-x^2}}$ 을 확인한다($|x|<1$ 에 대해).

20. $a>0, b>0, c>0$ 에 대해, $\left(1+\frac{a}{b}\right)\left(1+\frac{b}{c}\right)\left(1+\frac{c}{a}\right)\ge 2\left(1+\frac{a+b+c}{\sqrt[3]{abc}}\right)$

참고. $\left(1+\frac{a}{b}\right)\left(1+\frac{b}{c}\right)\left(1+\frac{c}{a}\right)=2+\frac{a}{b}+\frac{b}{a}+\frac{b}{c}+\frac{c}{b}+\frac{a}{c}+\frac{c}{a}$,

$$\frac{1}{3}\frac{a}{b}+\frac{1}{3}\frac{a}{b}+\frac{1}{3}\frac{b}{c}\ge\sqrt[3]{\frac{a^2}{bc}}=\frac{a}{\sqrt[3]{abc}}$$

21. $-1<a_1,a_2,\ldots,a_{n+1}<1$, $a_1+a_2+\ldots+a_{n+1}\ge n-1$ 에 대해,

$$\frac{1+a_1}{1-a_1}\cdot\frac{1+a_2}{1-a_2}\cdot\ldots\cdot\frac{1+a_{n+1}}{1-a_{n+1}}\ge n^{n+1}$$

참고. $1+a_i\ge(1-a_1)+\ldots+(1-a_{i-1})+(1-a_{i+1})+\ldots+(1-a_{n+1})$

22. $a>0, b>0, c>0, d>0$ 에 대해,

$$(a+b)^3(b+c)^3(c+d)^3(d+a)^3\ge 16a^2b^2c^2d^2(a+b+c+d)^4$$

참고. $(a+b+c+d)^2$

$$=(a+b)(b+c)+(a+b)(d+a)+(b+c)(c+d)+(c+d)(d+a)$$

23. $a>0, b>0, c>0$ 에 대해,

$$\left(\left(1+\frac{a}{b}\right)^2+\left(1+\frac{b}{c}\right)^2+\left(1+\frac{c}{a}\right)^2\right)\left(\left(1+\frac{b}{a}\right)^2+\left(1+\frac{c}{b}\right)^2+\left(1+\frac{a}{c}\right)^2\right)\geq$$

$$4\left(\frac{a+b}{c}+\frac{b+c}{a}+\frac{c+a}{b}\right)^2$$

참고. $\left(1+\frac{a}{b}\right)^2+\left(1+\frac{b}{c}\right)^2+\left(1+\frac{c}{a}\right)^2\geq\frac{1}{3}\left(1+\frac{a}{b}+1+\frac{b}{c}+1+\frac{c}{a}\right)^2$

24. $a>0, b>0, c>0$ 에 대해,

$$(a^2+bc)^3(b^2+ac)^3(c^2+ab)^3\geq 64(a^3+b^3)(b^3+c^3)(c^3+a^3)a^3b^3c^3$$

참고. $(a^2+bc)(b^2+ac)=c(a^3+b^3)+ab(ab+c^2)$

25. (a) $a>0, b>0, c>0$ 에 대해, $a+\sqrt{ab}+\sqrt[3]{abc}\leq\frac{4}{3}(a+b+c)$

(b) $a>0, b>0, c>0$ 에 대해, $a+\sqrt{ab}+\sqrt[3]{abc}\leq 3\sqrt[3]{a\cdot\frac{a+b}{2}\cdot\frac{a+b+c}{3}}$

26. $a>0, b>0, c>0$, $a+b+c=1$에 대해, $(ab)^{\frac{5}{4}}+(bc)^{\frac{5}{4}}+(ca)^{\frac{5}{4}}\leq\frac{\sqrt{3}}{9}$

04
코시 – 분야코프스키 부등식을 이용하는 방법

여기서는 부등식의 증명을 위해 코시-분야코프스키 부등식을 이용하는 방법을 살펴보자.

수 a_1, a_2, b_1, b_2에 대해 코시-분야코프스키 부등식을 증명하자.

벡터 $\vec{a}(a_1;a_2)$, $\vec{b}(b_1;b_2)$이 주어졌다고 하자.

$\vec{a}\cdot\vec{b} = a_1b_1 + a_2b_2 = |\vec{a}|\cdot|\vec{b}|\cos(\hat{\vec{a};\vec{b}})$이다. 그리고 내적 $\vec{a}\cdot\vec{b}$의 절대값은

$|\vec{a}\cdot\vec{b}| = |\vec{a}|\cdot|\vec{b}|\cdot|\cos(\hat{\vec{a};\vec{b}})| \le |\vec{a}|\cdot|\vec{b}|$이다. 한편 다음이 성립한다.

$$|\vec{a}\cdot\vec{b}| = |a_1b_1 + a_2b_2| \le |\vec{a}|\cdot|\vec{b}| = \sqrt{a_1^2 + a_2^2}\cdot\sqrt{b_1^2 + b_2^2} \quad \text{또는}$$

$$(a_1b_1 + a_2b_2)^2 \le (a_1^2 + a_2^2)(b_1^2 + b_2^2) \tag{4.1}$$

이 부등식은 a_1, a_2, b_1, b_2에 대한 코시-분야코프스키 부등식의 부분적인 경우이다. 부등식 (4.1)에서 등호는 $a_1b_2 - a_2b_1 = 0$인 경우에 성립한다는 것을 생각하자.

부등식 (4.1)을 $a_1, \dots, a_n, b_1, \dots, b_n$으로 일반화시킨 것을 코시-분야코프스키 부등식이라 부르며, 다음과 같이 쓸 수 있다.

$$\left(a_1^2+\ldots+a_n^2\right)\left(b_1^2+\ldots+b_n^2\right)\geq\left(a_1b_1+\ldots+a_nb_n\right)^2 \tag{4.2}$$

$a_1\geq 0,\ \ldots,\ a_n\geq 0,\ b_1\geq 0,\ \ldots,\ b_n\geq 0$ 일 때에 부등식 (4.2)를 증명하자.

첫 번째 방법.

$k=1,\ldots,n$ 일 때 $x_k=\sqrt{\left(a_1^2+\ldots+a_k^2\right)\left(b_1^2+\ldots+b_k^2\right)}$ 라 하자. 이때 다음이 성립한다.

$$\begin{aligned}
x_{k+1}&=\sqrt{\left(a_1^2+\ldots+a_k^2+a_{k+1}^2\right)\left(b_1^2+\ldots+b_k^2+b_{k+1}^2\right)}\\
&=\sqrt{\left(\left(\sqrt{a_1^2+\ldots+a_k^2}\right)^2+a_{k+1}^2\right)\left(\left(\sqrt{b_1^2+\ldots+b_k^2}\right)^2+b_{k+1}^2\right)}\\
&\geq\sqrt{\left(\sqrt{a_1^2+\ldots+a_k^2}\cdot\sqrt{b_1^2+\ldots+b_k^2}+a_{k+1}\cdot b_{k+1}\right)^2}=x_k+a_{k+1}b_{k+1}
\end{aligned}$$

이와 같이, $k=1,\ldots,n-1$ 에 대해 $x_{k+1}\geq x_k+a_{k+1}b_{k+1}$ 이 얻어진다.

얻어진 부등식들을 서로 더하면, 다음을 알 수 있다.

$$\sqrt{\left(a_1^2+\ldots+a_n^2\right)\left(b_1^2+\ldots+b_n^2\right)}\geq a_1b_1+\ldots+a_nb_n$$

또는

$$\left(a_1^2+\ldots+a_n^2\right)\left(b_1^2+\ldots+b_n^2\right)\geq\left(a_1b_1+\ldots+a_nb_n\right)^2$$

이제 수 $a_1,\ \ldots,\ a_n,\ b_1,\ \ldots,\ b_n$ 이 임의의 실수인 경우를 생각하자. 이때 다음이 성립한다.

$$\begin{aligned}
&\left(a_1^2+\ldots+a_n^2\right)\left(b_1^2+\ldots+b_n^2\right)=\left(|a_1|^2+\ldots+|a_n|^2\right)\left(|b_1|^2+\ldots+|b_n|^2\right)\\
&\geq\left(|a_1b_1|+\ldots+|a_nb_n|\right)^2\geq|a_1b_1+\ldots+a_nb_n|^2=\left(a_1b_1+\ldots+a_nb_n\right)^2
\end{aligned}$$

두 번째 방법.

다음이 성립한다.

$$\left(a_1^2+\ldots+a_n^2\right)\left(b_1^2+\ldots+b_n^2\right)-\left(a_1b_1+\ldots+a_nb_n\right)^2=\sum_{\substack{i;j=1\\ i\geq j}}^{n}\left(a_ib_j-b_ia_j\right)^2\geq 0$$

이제 예들을 살펴보자.

예제

4.1. 부등식 $\sin\alpha\cdot\sin\beta+\cos\alpha+\cos\beta\leq 2$ 를 증명하여라.

증명. 다음이 성립한다.

$$\sin\alpha\cdot\sin\beta+\cos\alpha\cdot 1+1\cdot\cos\beta$$

$$\leq\sqrt{\sin^2\alpha+\cos^2\alpha+1^2}\cdot\sqrt{\sin^2\beta+\cos^2\beta+1^2}=2$$

예제

4.2. $a>0,\ b>0$, $a^2+b^2>a+b$ 에 대해, $a^3+b^3>a^2+b^2$ 을 증명하여라.

증명. 다음이 성립한다.

$$\left(a^3+b^3\right)\left(a+b\right)$$

$$=\left(\left(a^{\frac{3}{2}}\right)^2+\left(b^{\frac{3}{2}}\right)^2\right)\left(\left(a^{\frac{1}{2}}\right)^2+\left(b^{\frac{1}{2}}\right)^2\right)\geq\left(a^{\frac{3}{2}}\cdot a^{\frac{1}{2}}+b^{\frac{3}{2}}\cdot b^{\frac{1}{2}}\right)^2=\left(a^2+b^2\right)^2$$

$\dfrac{a^3+b^3}{a^2+b^2}\geq\dfrac{a^2+b^2}{a+b}>1$ 이므로, $a^3+b^3>a^2+b^2$ 이다.

연습문제

다음 부등식을 증명하여라(4.1-4.19, 4.22, 4.23).

4.1. $a+2b+3c \ge 14$ 에 대해, $a^2+b^2+c^2 \ge 14$

4.2. $|a| \le 1$, $|b| \le 1$ 에 대해, $ab+\sqrt{(1-a^2)(1-b^2)} \le 1$

4.3. $a>c$, $b>c$, $c>0$ 에 대해, $\sqrt{c(a-c)}+\sqrt{c(b-c)} \le \sqrt{ab}$

4.4. $a\sqrt{a^2+c^2}+b\sqrt{b^2+c^2} \le a^2+b^2+c^2$

4.5. $a>0, b>0, c>0$ 에 대해, $\frac{1}{\sqrt{ab}}+\frac{1}{\sqrt{bc}}+\frac{1}{\sqrt{ca}} \le \frac{1}{a}+\frac{1}{b}+\frac{1}{c}$

4.6. a,b,c 는 어떤 삼각형의 변이다. 이때 다음 부등식을 증명하여라.

$$\sqrt{a}(a+c-b)+\sqrt{b}(a+b-c)+\sqrt{c}(b+c-a) \le \sqrt{(a^2+b^2+c^2)(a+b+c)}$$

4.7. $a_1>0, \ldots, a_n>0$ 에 대해, $(a_1+\ldots+a_n)\left(\frac{1}{a_1}+\ldots+\frac{1}{a_n}\right) \ge n^2$

4.8. $\frac{a_1^2+\ldots+a_n^2}{n} \ge \left(\frac{a_1+\ldots+a_n}{n}\right)^2$

4.9. $a_1^2+\ldots+a_{10}^2=1$ 에 대해, $a_1a_2+a_2a_3+\ldots+a_9a_{10}+a_{10}a_1 \ge -1$

4.10. $x^4 + y^4 \ge x^3 y + xy^3$

4.11. $\left(|a_1|^3 + \ldots + |a_n|^3\right)^2 \le \left(a_1^2 + \ldots + a_n^2\right)^3$

4.12. $3\left(a^2 + b^2 + c^2 + x^2 + y^2 + z^2\right) + 6\sqrt{\left(a^2 + b^2 + c^2\right)\left(x^2 + y^2 + z^2\right)}$

$\ge \left(a + b + c + x + y + z\right)^2$

4.13. $a^2 + b^2 + c^2 \ge ab + bc + ca$

4.14. $a_1 > 0, \ldots, a_n > 0$ 에 대해,

$\left(a_1 + \ldots + a_n\right)\left(a_1^7 + \ldots + a_n^7\right) \ge \left(a_1^3 + \ldots + a_n^3\right)\left(a_1^5 + \ldots + a_n^5\right)$

4.15. (a) $\dfrac{3}{2} \le a \le \dfrac{50}{3}$ 에 대해, $\sqrt{a+1} + \sqrt{2a-3} + \sqrt{50-3a} \le 12$

(b) $a^2 + b^2 + c^2 = 2$ 에 대해, $a + b + c \le abc + 2$

(c) $a^2 + b^2 + c^2 = 9$ 에 대해, $2(a + b + c) - abc \le 10$

(d) $a^2 + b^2 + c^2 = 9$ 에 대해, $1 + abc \ge 3\min(a, b, c)$

4.16. $k, n \in N$, $a_1 > 0, \ldots, a_n > 0$ 에 대해, $\left(\sum_{i=1}^{n} a_i^{k+1}\right)\left(\sum_{i=1}^{n} a_i^{-1}\right) \ge n\sum_{i=1}^{n} a_i^k$

4.17. $a>0,\ b>0,\ c>0$ 에 대해, $\dfrac{a+b+c}{3}\ge\sqrt[3]{abc}$

4.18. $k,n\in N$, $a_1\ge 0,\ \dots\ ,a_n\ge 0$ 에 대해, $\dfrac{a_1^k+\dots+a_n^k}{n}\ge\left(\dfrac{a_1+\dots+a_n}{n}\right)^k$

4.19. $0<\alpha<\dfrac{\pi}{2}$ 에 대해, $\left(1+\dfrac{1}{\sin\alpha}\right)\left(1+\dfrac{1}{\cos\alpha}\right)>5$

4.20. $a^2+b^2\ne 0$ 일 때에 직선 $ax+by+c=0$ 으로부터 점 $A(x_0,y_0)$ 까지의 거리를 구하여라.

4.21. $0<u<\sqrt{2},\ v>0$ 에 대해, 식 $(u-v)^2+\left(\sqrt{2-u^2}-\dfrac{9}{v}\right)^2$ 의 최솟값을 구하여라.

4.22.* $x_1^2+\left(\dfrac{x_1+x_2}{2}\right)^2+\dots+\left(\dfrac{x_1+\dots+x_n}{n}\right)^2\le 4\left(x_1^2+\dots+x_n^2\right)$

4.23. (a) $a_1>0,\ \dots\ ,\ a_n>0$ 에 대해,

$$\frac{1}{a_1}+\frac{2}{a_1+a_2}+\dots+\frac{n}{a_1+\dots+a_n}<4\left(\frac{1}{a_1}+\dots+\frac{1}{a_n}\right)$$

(b) $a_1>0,\ \dots\ ,\ a_n>0$ 에 대해,

$$\frac{1}{a_1}+\frac{2}{a_1+a_2}+\dots+\frac{n}{a_1+\dots+a_n}<2\left(\frac{1}{a_1}+\dots+\frac{1}{a_n}\right)$$

---

*이 부등식은 다음 하디 부등식의 특수한 경우이다.

$p>1,\ \ a_i\ge 0\ \ \ i=1,\dots,n$ 일 때에 $\displaystyle\sum_{k=1}^{n}\left(\frac{a_1+\dots+a_k}{k}\right)^p\le\left(\frac{p}{p-1}\right)^p\cdot\sum_{k=1}^{n}a_k^p$

증명

4.1. (4.2)로부터 다음을 알 수 있다.

$$\left(a^2+b^2+c^2\right)\left(1^2+2^2+3^2\right)\ge\left(a+2b+3c\right)^2\ge 14^2$$

이로부터 $a^2+b^2+c^2\ge 14$ 이다.

4.2. $$a\cdot b+\sqrt{1-a^2}\cdot\sqrt{1-b^2}\le\sqrt{a^2+\left(\sqrt{1-a^2}\right)^2}\cdot\sqrt{b^2+\left(\sqrt{1-b^2}\right)^2}=1$$

4.3. $$\sqrt{c\left(a-c\right)}+\sqrt{c\left(b-c\right)}=\sqrt{c}\cdot\sqrt{a-c}+\sqrt{b-c}\cdot\sqrt{c}\le$$

$$\le\sqrt{\left(\sqrt{c}\right)^2+\left(\sqrt{b-c}\right)^2}\cdot\sqrt{\left(\sqrt{a-c}\right)^2+\left(\sqrt{c}\right)^2}=\sqrt{ab}$$

4.4. $$a\cdot\sqrt{a^2+c^2}+\sqrt{b^2+c^2}\cdot b\le\sqrt{a^2+\left(\sqrt{b^2+c^2}\right)^2}\cdot\sqrt{\left(\sqrt{a^2+c^2}\right)^2+b^2}$$

$$=a^2+b^2+c^2$$

4.5. $$\frac{1}{\sqrt{a}}\cdot\frac{1}{\sqrt{b}}+\frac{1}{\sqrt{b}}\cdot\frac{1}{\sqrt{c}}+\frac{1}{\sqrt{c}}\cdot\frac{1}{\sqrt{a}}\le\sqrt{\left(\frac{1}{a}+\frac{1}{b}+\frac{1}{c}\right)\left(\frac{1}{b}+\frac{1}{c}+\frac{1}{a}\right)}=\frac{1}{a}+\frac{1}{b}+\frac{1}{c}$$

4.6. 다음을 생각하자.

$$\sqrt{a}(a+c-b)+\sqrt{b}(a+b-c)+\sqrt{c}(b+c-a)$$

$$=\sqrt{a(a+c-b)}\sqrt{(a+c-b)}+\sqrt{b(a+b-c)}\sqrt{(a+b-c)}$$

$$+\sqrt{c(b+c-a)}\sqrt{(b+c-a)} \le \sqrt{\left(a(a+c-b)+b(a+b-c)+c(b+c-a)\right)}$$

$$\cdot\sqrt{(a+c-b)+(a+b-c)+(b+c-a)} = \sqrt{\left(a^2+b^2+c^2\right)(a+b+c)}$$

4.7. $$\left(\left(\sqrt{a_1}\right)^2+\ldots+\left(\sqrt{a_n}\right)^2\right)\left(\left(\frac{1}{\sqrt{a_1}}\right)^2+\ldots+\left(\frac{1}{\sqrt{a_n}}\right)^2\right)$$

$$\ge\left(\sqrt{a_1}\cdot\frac{1}{\sqrt{a_1}}+\ldots+\sqrt{a_n}\cdot\frac{1}{\sqrt{a_n}}\right)^2 = n^2$$

4.8. $\left(a_1^2+\ldots+a_n^2\right)\left(\underbrace{1^2+\ldots+1^2}_{n}\right)\ge\left(a_1+\ldots+a_n\right)^2$ 이다. 이로부터 다음이 성립한다.

$$\frac{a_1^2+\ldots+a_n^2}{n}\ge\left(\frac{a_1+\ldots+a_n}{n}\right)^2$$

4.9. $\left|a_1a_2+\ldots+a_9a_{10}+a_{10}a_1\right|\le\sqrt{\left(a_1^2+\ldots+a_9^2+a_{10}^2\right)\left(a_2^2+\ldots+a_{10}^2+a_1^2\right)}=1$ 이다.

이로부터 다음이 성립한다.

$$a_1a_2+\ldots+a_9a_{10}+a_{10}a_1\ge-1$$

4.10. $$x^4+y^4=\sqrt{x^4+y^4}\cdot\sqrt{x^4+y^4}\ge\sqrt{x^4+y^4}\cdot\sqrt{2x^2y^2}$$

$$=\sqrt{\left(x^2\right)^2+\left(y^2\right)^2}\cdot\sqrt{(xy)^2+(xy)^2}\ge x^3y+xy^3$$

4.11. $\left(\left|a_1^3\right|+\ldots+\left|a_n^3\right|\right)^2=\left(\left|a_1\right|\cdot a_1^2+\ldots+\left|a_n\right|\cdot a_n^2\right)^2\le\left(a_1^2+\ldots+a_n^2\right)\cdot\left(a_1^4+\ldots+a_n^4\right)$

$\le\left(a_1^2+\ldots+a_n^2\right)\left(a_1^2+\ldots+a_n^2\right)^2=\left(a_1^2+\ldots+a_n^2\right)^3$

4.12. 부등식의 좌변은 $3\left(\sqrt{a^2+b^2+c^2}+\sqrt{x^2+y^2+z^2}\right)^2=B$ 이다.

연습문제 4.8의 부등식에 의해, 다음이 성립한다.

$$B\ge3\left(\sqrt{3\left(\frac{a+b+c}{3}\right)^2}+\sqrt{3\left(\frac{x+y+z}{3}\right)^2}\right)^2=\left(a+b+c+x+y+z\right)^2$$

4.13. $ab+bc+ca\le\sqrt{\left(a^2+b^2+c^2\right)\left(b^2+c^2+a^2\right)}=a^2+b^2+c^2$

4.14. $\left(a_1+\ldots+a_n\right)\left(a_1^5+\ldots+a_n^5\right)=\left(\left(\sqrt{a_1}\right)^2+\ldots+\left(\sqrt{a_n}\right)^2\right)\left(\left(\sqrt{a_1^5}\right)^2+\ldots+\left(\sqrt{a_n^5}\right)^2\right)$

$\ge\left(a_1^3+\ldots+a_n^3\right)^2$

유사한 방법으로, $\left(a_1^7+\ldots+a_n^7\right)\left(a_1^3+\ldots+a_n^3\right)\ge\left(a_1^5+\ldots+a_n^5\right)^2$ 을 알 수 있다.

얻어진 부등식들을 서로 곱하면, 다음이 얻어진다.

$$\left(a_1+\ldots+a_n\right)\left(a_1^7+\ldots+a_n^7\right)\ge\left(a_1^3+\ldots+a_n^3\right)\left(a_1^5+\ldots+a_n^5\right)$$

4.15. (a) $1\cdot\sqrt{\alpha+1}+1\cdot\sqrt{2\alpha-3}+1\cdot\sqrt{50-3\alpha}$

$$\le\sqrt{\left(1^2+1^2+1^2\right)\left(\left(\sqrt{\alpha+1}\right)^2+\left(\sqrt{2\alpha-3}\right)^2+\left(\sqrt{50-3\alpha}\right)^2\right)}=12$$

(b) $bc \le \dfrac{b^2+c^2}{2} \le 1$ 이므로, 다음이 성립한다.

$$a\cdot(1-bc)+(b+c)\cdot 1 \le \sqrt{(a^2+(b+c)^2)((1-bc)^2+1^2)}$$

$$=\sqrt{4(1-b^2c^2)+2(1+bc)b^2c^2} \le 2$$

(c) $a^2=\max(a^2,b^2,c^2)$ 이라 하면, $a^2 \ge 3$, $x=bc \le \dfrac{b^2+c^2}{2} \le 3$ 이다. 결국 다음이 성립한다.

$$a\cdot(2-bc)+(b+c)\cdot 2 \le \sqrt{(a^2+(b+c)^2)((2-bc)^2+2^2)}$$

$$=\sqrt{100+(2x-7)(x+2)^2} \le 10$$

(d) $a \le b \le c$ 라 하자.

만약 $0 \le a \le 1$ 이면, $a(b-a)(c-a) \ge 0$,

$9=a^2+b^2+c^2 \le bc+b^2+c^2 \le (b+c)^2$ 이다. 결국

$1+abc \ge 1-a^3+a^2(b+c) \ge (1-a)\cdot 3a+a^2\cdot 3=3a$ 이며,

$1+abc \ge 3a$ 이다.

만약 $a>1$, $c \ge 2$ 이면, $1+abc \ge 1+2a^2 > 3a$ 이며 $1+abc>3a$ 이다.

만약 $a>1$, $c<2$ 이면, $a^2+b^2>5$ 이며, $b^2>2.5$,

$1+abc \ge 1+ab^2 > 1+2.5a > 0.5c+2.5a \ge 3a$ 이다.

결국 $1+abc>3a$ 이다.

만약 $a<0$, $bc \le 3$ 이면, $1>0 \ge a(3-bc)$ 이며 $1+abc>3a$ 이다.

만약 $a<0$, $bc>3$ 이면, $9=a^2+b^2+c^2 \ge a^2+2bc$ 또는

$bc \le \dfrac{9-a^2}{2}$ 이므로, $-a(bc-3)=|a|(bc-3) \le |a|\dfrac{3-a^2}{2}$

$=1-\dfrac{(|a|-1)^2(|a|+2)}{2} \le 1$ 이며 $1+abc \ge 3a$ 이다.

4.16. $\sum_{i=1}^{n} a_i^S = A_S$ 라 놓자. 부등식 (4.2)로부터 다음을 알 수 있다.

$$A_{k+1} \cdot A_{k-1} = \left(\sum_{i=1}^{n} \left(a_i^{\frac{k+1}{2}} \right)^2 \right) \left(\sum_{i=1}^{n} \left(a_i^{\frac{k-1}{2}} \right)^2 \right) \geq \left(\sum_{i=1}^{n} a_i^{\frac{k+1}{2}} \cdot a_i^{\frac{k-1}{2}} \right)^2 = A_k^2$$

유사한 방법으로,

$A_k \cdot A_{k-2} \geq A_{k-1}^2$, $A_{k-1} \cdot A_{k-3} \geq A_{k-2}^2, \ldots, A_2 \cdot A_0 \geq A_1^2$, $A_1 \cdot A_{-1} \geq A_0^2$ 을 얻을 수 있다. 이제 얻어진 부등식들을 서로 곱하면, $A_{k+1} \cdot A_{-1} \geq A_k \cdot A_0$ 또는 $\left(\sum_{i=1}^{n} a_i^{k+1} \right) \left(\sum_{i=1}^{n} a_i^{-1} \right) \geq n \sum_{i=1}^{n} a_i^k$ 을 얻을 수 있다.

4.17. 다음이 성립한다.

$$(a+b+c)(b+c+a) = \left(\left(\sqrt{a}\right)^2 + \left(\sqrt{b}\right)^2 + \left(\sqrt{c}\right)^2 \right) \left(\left(\sqrt{b}\right)^2 + \left(\sqrt{c}\right)^2 + \left(\sqrt{a}\right)^2 \right)$$

$$\geq \left(\sqrt{ab} + \sqrt{bc} + \sqrt{ca} \right)^2,$$

$$\left(\sqrt{ab} + \sqrt{bc} + \sqrt{ca} \right)^2 \left(\sqrt{c} + \sqrt{a} + \sqrt{b} \right)^2 \geq \left(\sqrt[4]{abc} + \sqrt[4]{abc} + \sqrt[4]{abc} \right)^4,$$

$$(a+b+c)(1+1+1) \geq \left(\sqrt{a} + \sqrt{b} + \sqrt{c} \right)^2$$

얻어진 부등식들을 서로 곱하면, $(a+b+c)^3 \geq 27abc$ 또는

$\dfrac{a+b+c}{3} \geq \sqrt[3]{abc}$ 이 얻어진다.

4.18. $A_k \cdot A_{k-2} \geq A_{k-1}^2$, $A_{k-1} \cdot A_{k-3} \geq A_{k-2}^2, \ldots, A_2 \cdot A_0 \geq A_1^2$ 이 성립하므로, 다음 부등식들이 얻어진다.

$$A_k \cdot A_0 \geq A_{k-1} \cdot A_1,\ A_{k-1} \cdot A_0 \geq A_{k-2} \cdot A_1, \ldots, A_2 \cdot A_0 \geq A_1 \cdot A_1,\ A_1 \cdot A_0 \geq A_0 \cdot A_1$$

이제 얻어진 부등식들을 서로 곱하면, 다음이 얻어진다.

$$A_k \cdot A_0^k \geq A_0 \cdot A_1^k \quad \text{또는} \quad \frac{a_1^k + \ldots + a_n^k}{n} \geq \left(\frac{a_1 + \ldots + a_n}{n}\right)^k$$

이때 $A_k = \sum_{i=1}^{n} a_i^k$ 이다.

4.19. 다음이 성립한다.

$$\left(1^2 + \left(\frac{1}{\sqrt{\sin\alpha}}\right)^2\right)\left(1^2 + \left(\frac{1}{\sqrt{\cos\alpha}}\right)^2\right) \geq \left(1 + \frac{1}{\sqrt{\sin\alpha\cos\alpha}}\right)^2$$

$$= \left(1 + \frac{1}{\sqrt{\frac{\sin 2\alpha}{2}}}\right)^2 \geq \left(1 + \frac{1}{\sqrt{\frac{1}{2}}}\right)^2 = \left(1+\sqrt{2}\right)^2 > 5$$

4.20. $M(x, y)$를 직선 $ax + by + c = 0$의 한 점이라 하자. 이제 거리 $AM = \sqrt{(x-x_0)^2 + (y-y_0)^2}$ 의 최솟값을 구하자. 부등식 (4.1)에 의해, 다음을 알 수 있다.

$$\left(a^2 + b^2\right)\left(\left(x-x_0\right)^2 + \left(y-y_0\right)^2\right) \geq \left(a\left(x-x_0\right) + b\left(y-y_0\right)\right)^2$$

이로부터 다음을 알 수 있다.

$$\sqrt{a^2+b^2} \cdot \sqrt{\left(x-x_0\right)^2 + \left(y-y_0\right)^2} \geq \left|ax + by - ax_0 - by_0\right|$$

또는

$$\sqrt{(x-x_0)^2+(y-y_0)^2} \ge \frac{|ax_0+by_0+c|}{\sqrt{a^2+b^2}}$$

마지막 부등식에서 등호는 $\dfrac{x-x_0}{a}=\dfrac{y-y_0}{b}$ 인 경우에 성립한다.

이제 다음 연립방정식을 풀자.

$$\begin{cases} ax+by+c=0 \\ \dfrac{x-x_0}{a}=\dfrac{y-y_0}{b} \end{cases}$$

그러면 $x=-a\dfrac{ax_0+by_0+c}{a^2+b^2}+x_0$, $y=-b\dfrac{ax_0+by_0+c}{a^2+b^2}+y_0$ 를 구할 수 있다.

이처럼, 주어진 직선으로부터 점 A 까지의 거리는 $\dfrac{|ax_0+by_0+c|}{\sqrt{a^2+b^2}}$ 이다.

4.21. 다음이 성립한다.

$$(u-v)^2+\left(\sqrt{2-u^2}-\frac{9}{v}\right)^2=2-2\left(uv+\frac{9}{v}\sqrt{2-u^2}\right)+v^2+\left(\frac{9}{v}\right)^2$$

$$\ge 2-2\sqrt{\left(u^2+\left(\sqrt{2-u^2}\right)^2\right)\left(v^2+\left(\frac{9}{v}\right)^2\right)}+v^2+\left(\frac{9}{v}\right)^2$$

$$=\left(\sqrt{v^2+\frac{81}{v^2}}-\sqrt{2}\right)^2 \ge \left(\sqrt{2\cdot 9}-\sqrt{2}\right)^2=8$$

$u=1$, $v=3$ 이면, $(u-v)^2+\left(\sqrt{2-u^2}-\dfrac{9}{v}\right)^2=8$ 이며, 주어진 식의 최솟값은 8이다.

4.22. 다음이 성립한다.

$$a_1^2 \ge a_1^2\left(1-\frac{1}{\sqrt{2}}\right)+a_1^2\left(\frac{1}{\sqrt{2}}-\frac{1}{\sqrt{3}}\right)+\ldots+a_1^2\left(\frac{1}{\sqrt{n}}-\frac{1}{\sqrt{n+1}}\right),$$

$$a_2^2 \ge a_2^2\sqrt{2}\left(\frac{1}{\sqrt{2}}-\frac{1}{\sqrt{3}}\right)+a_2^2\sqrt{2}\left(\frac{1}{\sqrt{3}}-\frac{1}{\sqrt{4}}\right)+\ldots+a_2^2\sqrt{2}\left(\frac{1}{\sqrt{n}}-\frac{1}{\sqrt{n+1}}\right),$$

....

$$a_n^2 \ge a_n^2\sqrt{n}\left(\frac{1}{\sqrt{n}}-\frac{1}{\sqrt{n+1}}\right)$$

결국 다음을 알 수 있다.

$$a_1^2+a_2^2+\ldots+a_n^2 \ge a_1^2\left(1-\frac{1}{\sqrt{2}}\right)+\left(a_1^2+a_2^2\sqrt{2}\right)\left(\frac{1}{\sqrt{2}}-\frac{1}{\sqrt{3}}\right)+\ldots+$$

$$+\left(a_1^2+a_2^2\sqrt{2}+\ldots+a_n^2\sqrt{n}\right)\left(\frac{1}{\sqrt{n}}-\frac{1}{\sqrt{n+1}}\right)$$

이제 다음을 증명하자.

$$\frac{\sqrt{k+1}-\sqrt{k}}{\sqrt{k}\cdot\sqrt{k+1}}\left(a_1^2+\ldots+a_k^2\sqrt{k}\right) \ge \frac{1}{4}\left(\frac{a_1+\ldots+a_k}{k}\right)^2 \tag{4.3}$$

부등식 (4.2)에 의해 다음을 알 수 있다.

$$\left(a_1^2+\ldots+a_k^2\sqrt{k}\right)\left(1+\ldots+\frac{1}{\sqrt{k}}\right) \ge \left(a_1+\ldots+a_k\right)^2$$

부등식 (4.3)의 증명을 위해, 다음을 보이면 된다.

$$\frac{4\left(\sqrt{k+1}-\sqrt{k}\right)}{\sqrt{k}\sqrt{k+1}}k^2 > 1+\ldots+\frac{1}{\sqrt{k}}$$

이것은 다음과 같은 방법으로 어렵지 않게 보일 수 있다.

$$1+\frac{1}{\sqrt{2}}+\ldots+\frac{1}{\sqrt{k}}\le 1+\frac{2}{\sqrt{2}+1}+\ldots+\frac{2}{\sqrt{k}+\sqrt{k-1}}$$
$$=1+2\left(\sqrt{2}-1\right)+\ldots+2\left(\sqrt{k}-\sqrt{k-1}\right)=2\sqrt{k}-1$$

이제 $2\sqrt{k}-1<\frac{4k^2\left(\sqrt{k+1}-\sqrt{k}\right)}{\sqrt{k}\sqrt{k+1}}=\frac{4k\sqrt{k}}{k+1+\sqrt{k^2+k}}$ 을 증명하자.

$\frac{2k}{\sqrt{k+1}+\sqrt{k}}<k\le k+\left(\sqrt{k}-1\right)^2<k+\sqrt{k^2+k}-2\sqrt{k}+1$ 이므로, 다음이 성립한다.

$$\frac{2k}{\sqrt{k+1}+\sqrt{k}}<k+\sqrt{k^2+k}-2\sqrt{k}+1,$$
$$2k\left(\sqrt{k+1}-\sqrt{k}\right)<k+\sqrt{k^2+k}-2\sqrt{k}+1,$$
$$2\sqrt{k}\left(k+1+\sqrt{k^2+k}\right)-\left(k+1+\sqrt{k^2+k}\right)<4k\sqrt{k}$$

이로부터 $2\sqrt{k}-1<\frac{4k\sqrt{k}}{k+1+\sqrt{k^2+k}}$ 이다.

주어진 부등식의 우변에서 인수 4를 더 작게 할 수 없다는 것을 증명하자.

임의의 $x_1, \ldots, x_n$ 에 대해 다음 부등식이 성립한다고 하자.

$$x_1^2+\left(\frac{x_1+x_2}{2}\right)^2+\ldots+\left(\frac{x_1+\ldots+x_n}{n}\right)^2\le c\left(x_1^2+x_2^2+\ldots+x_n^2\right)$$

$x_i=\frac{1}{\sqrt{i}},\ i=1,\ldots,n$ 로 잡으면, 다음이 얻어진다.

$$1+\left(\frac{1+\frac{1}{\sqrt{2}}}{2}\right)^2+\ldots+\left(\frac{1+\frac{1}{\sqrt{2}}+\ldots+\frac{1}{\sqrt{n}}}{n}\right)^2\le c\left(1+\frac{1}{2}+\ldots+\frac{1}{n}\right)$$

연습문제 14.16의 부등식을 이용하면, $\sum_{k=1}^{n}\left(\frac{2}{\sqrt{k}}-\frac{2}{k}\right)^2<c\left(1+\frac{1}{2}+\ldots+\frac{1}{n}\right)$이 성립하며 이로부터 $4-8\frac{1/1\sqrt{1}+\ldots+1/n\sqrt{n}}{1+1/2+\ldots+1/n}<c$ 이다. 이제 극한을 취하면, 다음을 알 수 있다.

$$\lim_{n\to\infty}\left(4-8\frac{\frac{1}{1\sqrt{1}}+\ldots+\frac{1}{n\sqrt{n}}}{1+\frac{1}{2}+\ldots+\frac{1}{n}}\right)\le\lim_{n\to\infty}c$$

그리고 $\lim_{n\to\infty}\frac{\frac{1}{1\sqrt{1}}+\ldots+\frac{1}{n\sqrt{n}}}{1+\frac{1}{2}+\ldots+\frac{1}{n}}=0$ 이므로, $4\le c$ 이다.

4.23. (b) 다음이 성립한다.

$$\frac{1}{a_1}>\frac{1}{a_1}\left(1-\frac{1}{2^2}\right)+\frac{1}{a_1}\left(\frac{1}{2^2}-\frac{1}{3^2}\right)+\ldots+\frac{1}{a_1}\left(\frac{1}{n^2}-\frac{1}{(n+1)^2}\right),$$

$$\frac{1}{a_2}>\frac{2^2}{a_2}\left(\frac{1}{2^2}-\frac{1}{3^2}\right)+\frac{2^2}{a_2}\left(\frac{1}{3^2}-\frac{1}{4^2}\right)+\ldots+\frac{2^2}{a_2}\left(\frac{1}{n^2}-\frac{1}{(n+1)^2}\right),\ \ldots,\ \frac{1}{a_n}$$

$$>\frac{n^2}{a_n}\left(\frac{1}{n^2}-\frac{1}{(n+1)^2}\right)$$

이로부터 다음을 알 수 있다.

$$2\left(\frac{1}{a_1}+\frac{1}{a_2}+\ldots+\frac{1}{a_n}\right)$$

$$>2\frac{1}{a_1}\left(1-\frac{1}{2^2}\right)+2\left(\frac{1}{a_1}+\frac{2^2}{a_2}\right)\left(\frac{1}{2^2}-\frac{1}{3^2}\right)+\ldots+2\left(\frac{1}{a_1}+\ldots+\frac{n^2}{a_n}\right)\left(\frac{1}{n^2}-\frac{1}{(n+1)^2}\right)$$

이제 다음을 증명하자.

$$2\left(\frac{1}{a_1}+\ldots+\frac{k^2}{a_k}\right)\left(\frac{1}{k^2}-\frac{1}{(k+1)^2}\right)>\frac{k}{a_1+\ldots+a_k}$$ 또는

$$(a_1+\ldots+a_k)\left(\frac{1}{a_1}+\ldots+\frac{k^2}{a_k}\right)>\frac{k^3(k+1)^2}{2(2k+1)}$$

다음이 성립한다.

$$(a_1+\ldots+a_k)\left(\frac{1}{a_1}+\ldots+\frac{k^2}{a_k}\right)\geq\left(\sqrt{a_1\cdot\frac{1}{a_1}}+\ldots+\sqrt{\frac{k^2}{a_k}\cdot a_k}\right)^2$$

$$=\frac{k^2(k+1)^2}{4}>\frac{k^3(k+1)^2}{2(2k+1)}$$

이와 같이

$$2\left(\frac{1}{a_1}+\ldots+\frac{1}{a_n}\right)>\sum_{k=1}^{n}2\left(\frac{1}{a_1}+\ldots+\frac{k^2}{a_k}\right)\left(\frac{1}{k^2}-\frac{1}{(k+1)^2}\right)>\sum_{k=1}^{n}\frac{k}{a_1+\ldots+a_k}$$ 이다.

이제 주어진 부등식의 우변에서 인수 2를 더 작게 할 수 없다는 것을 증명하자.

$\frac{1}{a_1}+\ldots+\frac{n}{a_1+\ldots+a_n}\leq c\left(\frac{1}{a_1}+\ldots+\frac{1}{a_n}\right)$라 하자. 그리고

$a_k=k,\quad k=1,\ldots,n$라 하면, 이 경우에 $\frac{2x_{n+1}-2}{x_n}\leq c$ 이다(이때

$x_n = 1 + \frac{1}{2} + \ldots + \frac{1}{n}$ 이다). 결국 다음이 성립한다.

$$2\lim_{n\to\infty}\left(\frac{x_{n+1}}{x_n} - \frac{1}{x_n}\right) \le c \quad \text{또는} \quad 2 \le c$$

◎ 내 힘으로 해결하기

다음 부등식을 증명하여라(1-16).

1. $(\sin\alpha_1 + \ldots + \sin\alpha_n)^2 + (\cos\alpha_1 + \ldots + \cos\alpha_n)^2 \le n^2$

2. $n \ge 2,\ a_1 > 0, \ldots, a_n > 0$ 에 대해, $\dfrac{a_1 + \ldots + a_n}{n} \ge \sqrt[n]{a_1 \cdot \ldots \cdot a_n}$

3. $a_i \ge 0,\ b_i \ge 0,\ i = 1, \ldots, n$ 에 대해,

$\sqrt{a_1 b_1} + \ldots + \sqrt{a_n b_n} \le \sqrt{a_1 + \ldots + a_n} \cdot \sqrt{b_1 + \ldots + b_n}$

4. $(x_1 y_2 - x_2 y_1)^2 + (x_2 y_3 - x_3 y_2)^2 + (x_1 y_3 - x_3 y_1)^2 \le (x_1^2 + x_2^2 + x_3^2)(y_1^2 + y_2^2 + y_3^2)$

5. $x_i > 0,\ a_i > 0,\ b_i > 0\ \ i = 1, \ldots, n$ 에 대해, $\left(\sum_{i=1}^{n}\sqrt{a_i b_i}\right)^2 \le \left(\sum_{i=1}^{n} a_i x_i\right)\left(\sum_{i=1}^{n}\frac{b_i}{x_i}\right)$

6. $i = 1, \ldots, n,\ x_i > 0,\ y_i > 0$ 에 대해, $\left(\sum_{i=1}^{n} x_i y_i\right)\left(\sum_{i=1}^{n}\frac{x_i}{y_i}\right) \ge \left(\sum_{i=1}^{n} x_i\right)^2$

7. $$ax+by+cz+\sqrt{(a^2+b^2+c^2)(x^2+y^2+z^2)} \ge \frac{2}{3}(a+b+c)(x+y+z)$$

8. $p_1^2 \ge p_2^2+\ldots+p_n^2,\ q_1^2 \ge q_2^2+\ldots+q_n^2$ 에 대해,

$$(p_1q_1-p_2q_2-\ldots-p_nq_n)^2 \ge (p_1^2-p_2^2-\ldots-p_n^2)(q_1^2-q_2^2-\ldots-q_n^2)$$

9. $$\sqrt{x^2+xy+y^2}\sqrt{y^2+yz+z^2}+\sqrt{y^2+yz+z^2}\sqrt{z^2+zx+x^2}+$$

$$+\sqrt{z^2+zx+x^2}\sqrt{x^2+xy+y^2} \ge (x+y+z)^2$$

참고. 다음이 성립한다.

$$\sqrt{x^2+xy+y^2}\sqrt{y^2+yz+z^2}=\sqrt{\left(y+\frac{x}{2}\right)^2+\left(\frac{\sqrt{3}x}{2}\right)^2}\sqrt{\left(y+\frac{z}{2}\right)^2+\left(\frac{\sqrt{3}z}{2}\right)^2}$$

$$\ge \left(y+\frac{x}{2}\right)\left(y+\frac{z}{2}\right)+\frac{3xz}{4}$$

10. $n \ge 3, a_1,\ldots,a_n > 0$, $a_1+\ldots+a_n=1, b_1^2+\ldots+b_n^2=1$ 에 대해,

$$a_1(b_1+a_2)+a_2(b_2+a_3)+\ldots+a_n(b_n+a_1)<1$$

11. $x,y,z \ge 0, x^2+y^2+z^2=1$ 에 대해,

$$\sqrt{1-\left(\frac{x+y}{2}\right)^2}+\sqrt{1-\left(\frac{y+z}{2}\right)^2}+\sqrt{1-\left(\frac{z+x}{2}\right)^2} \ge \sqrt{6}$$

12. $a,b,c>0$ 에 대해, $\sqrt{\frac{a}{b+c}}+\sqrt{\frac{b}{c+a}}+\sqrt{\frac{c}{a+b}} \ge 2\sqrt{1+\frac{abc}{(a+b)(b+c)(c+a)}}$

13. $a,b,c \ge 0$, $a+b+c=1$에 대해,

$$\sqrt{a+(b-c)^2}+\sqrt{b+(c-a)^2}+\sqrt{c+(a-b)^2} \ge \sqrt{3}$$

14. $a,b,c \ge 0$, $a+b+c=2$에 대해,

$$\sqrt{\frac{a+b}{2}-ab}+\sqrt{\frac{b+c}{2}-bc}+\sqrt{\frac{c+a}{2}-ca} \ge \sqrt{2}$$

15. $x,y,z \ge 0$, $x^2+y^2+z^2=1$에 대해,

$$\sqrt{1-xy}\sqrt{1-yz}+\sqrt{1-yz}\sqrt{1-zx}+\sqrt{1-zx}\sqrt{1-xy} \ge 2$$

16. $x,y,z \ge 0$, $x+y+z=1$에 대해, $x\sqrt{1-yz}+y\sqrt{1-zx}+z\sqrt{1-xy} \ge \frac{2\sqrt{2}}{3}$

17. 점 $A(x_0,y_0,z_0)$에서 $a^2+b^2+c^2 \ne 0$을 만족하는 평면 $ax+by+cz+d=0$까지의 거리를 구하여라.

18. 다음을 증명하여라.

(a) $(a_1c_1+\ldots+a_nc_n)(b_1d_1+\ldots+b_nd_n)-(a_1d_1+\ldots+a_nd_n)(b_1c_1+\ldots+b_nc_n)$

$$= \sum_{1\le i<k\le n}(a_ib_k-a_kb_i)(c_id_k-c_kd_i)$$

(b) $b_id_i>0\ (i=1,\ldots,n)$ 또는 $b_id_i<0\ (i=1,\ldots,n)$,

$\frac{a_1}{b_1} \le \frac{a_2}{b_2} \le \ldots \le \frac{a_n}{b_n}$, $\frac{c_1}{d_1} \le \frac{c_2}{d_2} \le \ldots \le \frac{c_n}{d_n}$에 대해,

$$(a_1c_1+\ldots+a_nc_n)(b_1d_1+\ldots+b_nd_n) \ge (a_1d_1+\ldots+a_nd_n)(b_1c_1+\ldots+b_nc_n)$$

19. 식 $\dfrac{\sqrt{x^2+y^2}+\sqrt{(x-2)^2+(y-1)^2}}{\sqrt{x^2+(y-1)^2}+\sqrt{(x-2)^2+y^2}}$ 의 최댓값과 최솟값을 구하여라.

20. $x,y,a,b>0, x+y=1, a+b=1$ 에 대해, 식 $\left(\dfrac{1}{x^n}+\dfrac{1}{a^n}-1\right)\left(\dfrac{1}{y^n}+\dfrac{1}{b^n}-1\right)$ 의 최솟값을 구하여라.

참고. 다음이 성립한다.

$$\left(\frac{1}{x^n}+\frac{1}{a^n}-1\right)\left(\frac{1}{y^n}+\frac{1}{b^n}-1\right)$$

$$=\left(\frac{1}{x^n}+\frac{b(1+a+\ldots+a^{n-1})}{a^n}\right)\left(\frac{1}{y^n}+\frac{a(1+b+\ldots+b^{n-1})}{b^n}\right)$$

$$\geq\left(\left(\frac{1}{\sqrt{xy}}\right)^n+\sqrt{\frac{(1+a+\ldots+a^{n-1})(1+b+\ldots+b^{n-1})}{a^{n-1}b^{n-1}}}\right)^2$$

$$\geq\left(\left(\frac{1}{\sqrt{xy}}\right)^n+\frac{1+\sqrt{ab}+\ldots+\left(\sqrt{ab}\right)^{n-1}}{\left(\sqrt{ab}\right)^{n-1}}\right)^2 \geq (2^{n+1}-1)^2$$

05
변수를 치환하는 방법

부등식을 증명할 때에 변수들을 치환하는 것이 유익할 때가 있다. 이 방법을 자세히 살펴보자.

예제

5.1. 부등식 $-\frac{1}{2} \le \frac{(x+y)(1-xy)}{(1+x^2)(1+y^2)} \le \frac{1}{2}$ 을 증명하여라.

증명. $x=\tan\alpha,\ y=\tan\beta$ 라 치환하자. 그러면 다음이 성립한다.

$$\frac{(x+y)(1-xy)}{(1+x^2)(1+y^2)} = \frac{(\tan\alpha+\tan\beta)(1-\tan\alpha\tan\beta)}{(1+\tan^2\alpha)(1+\tan^2\beta)} = \frac{\frac{\sin(\alpha+\beta)}{\cos\alpha\cos\beta}\cdot\frac{\cos(\alpha+\beta)}{\cos\alpha\cos\beta}}{\frac{1}{\cos^2\alpha}\cdot\frac{1}{\cos^2\beta}}$$

$$= \sin(\alpha+\beta)\cos(\alpha+\beta) = \frac{1}{2}\sin 2(\alpha+\beta)$$

결국 $-\frac{1}{2} \le \frac{1}{2}\sin 2(\alpha+\beta) \le \frac{1}{2}$ 이 증명된다.

예제

5.2. 부등식 $a^2(1+b^4)+b^2(1+a^4) \le (1+a^4)(1+b^4)$ 을 증명하여라.

증명. $a^2 = \tan\alpha,\ b^2 = \tan\beta$ 라 하면,

$\tan\alpha\left(1+\tan^2\beta\right)+\tan\beta\left(1+\tan^2\alpha\right)\le\left(1+\tan^2\alpha\right)\left(1+\tan^2\beta\right)$ 를 얻을 수 있다. 이 부등식은 $\sin 2\alpha+\sin 2\beta\le 2$ 와 동치이다.

예제

5.3. $a>0, b>0, c>0,\ a+b+c=1$ 일 때에 $a^3+b^3+c^3\ge\frac{1}{9}$ 을 증명하여라.

증명. $a=x+\frac{1}{3},\ b=y+\frac{1}{3},\ c=z+\frac{1}{3}$ 이라 하자. 그러면 다음이 성립한다.

$$a^3=x^3+x^2+\frac{x}{3}+\frac{1}{27},\ b^3=y^3+y^2+\frac{y}{3}+\frac{1}{27},\ c^3=z^3+z^2+\frac{z}{3}+\frac{1}{27}$$

결국 $x>-\frac{1}{3},\ y>-\frac{1}{3},\ z>-\frac{1}{3}$ 이므로 다음이 성립한다.

$$a^3+b^3+c^3=x^2\left(1+x\right)+y^2\left(1+y\right)+z^2\left(1+z\right)+\frac{x+y+z}{3}+\frac{1}{9}=x^2\left(1+x\right)$$
$$+y^2\left(1+y\right)+z^2\left(1+z\right)+\frac{1}{9}\ge\frac{1}{9}$$

예제

5.4. $a>0, b>0, c>0$, $abc=1$ 에 대해, 다음 부등식을 증명하여라.

$$\frac{1}{1+a+b}+\frac{1}{1+b+c}+\frac{1}{1+a+c}\le 1$$

증명. $\sqrt[3]{a}=x,\ \sqrt[3]{b}=y,\ \sqrt[3]{c}=z$ 라 하면, $xyz=1$ 이고 다음이 성립한다.

$$\frac{1}{1+a+b}=\frac{xyz}{xyz+x^3+y^3}\le\frac{xyz}{xyz+xy\left(x+y\right)}=\frac{z}{x+y+z}$$

같은 방법으로 $\dfrac{1}{1+b+c} \le \dfrac{x}{x+y+z}$, $\dfrac{1}{1+a+c} \le \dfrac{y}{x+y+z}$ 을 얻을 수 있다.

결국 $\dfrac{1}{1+a+b} + \dfrac{1}{1+b+c} + \dfrac{1}{1+a+c} \le \dfrac{x}{x+y+z} + \dfrac{y}{x+y+z} + \dfrac{z}{x+y+z} = 1$ 이 증명된다.

예제

5.5. $x_1 > 0, \dots, x_n > 0$, $\dfrac{1}{x_1} + \dots + \dfrac{1}{x_n} = n$ 에 대해,

$x_1 + \dfrac{x_2^2}{2} + \dots + \dfrac{x_n^n}{n} \ge 1 + \dfrac{1}{2} + \dots + \dfrac{1}{n}$ 을 증명하여라.

증명. $x_i = 1 + y_i$, $i = 1, \dots, n$ 이라 하자(이때 $y_i > -1$). 그러면 다음이 성립한다.

$$\left(x_1 + \dots + x_n\right)\left(\frac{1}{x_1} + \dots + \frac{1}{x_n}\right) \ge n^2$$

이로부터 $y_1 + \dots + y_n \ge 0$ 이다.

베르눌리 부등식에 의해(연습문제 3.27(a)) 다음을 얻을 수 있다.

$x_1 + \dfrac{x_2^2}{2} + \dots + \dfrac{x_n^n}{n} \ge 1 + \dfrac{1}{2} + \dots + \dfrac{1}{n} + y_1 + y_2 + \dots + y_n \ge 1 + \dfrac{1}{2} + \dots + \dfrac{1}{n}$

결국 $x_1 + \dfrac{x_2^2}{2} + \dots + \dfrac{x_n^n}{n} \ge 1 + \dfrac{1}{2} + \dots + \dfrac{1}{n}$ 이 성립한다.

예제

5.6. $a_1 \ge 1, \dots, a_n \ge 1$, $n \ge 2$, $k \ge 2$, $k \in N$ 에 대해, 다음을 증명하여라.

$$\sqrt[k]{a_1 - 1} + \dots + \sqrt[k]{a_n - 1} \le \frac{(n-1)^{\frac{n-1}{k}}}{n^{\frac{n-k}{k}}} \sqrt[k]{a_1 \cdot \dots \cdot a_n}$$

증명. $b_i = \sqrt[k]{(n-1)(a_i-1)}$ 이라 하자(이때 $i=1,2,\ldots,n$, $b_1^k<1,\ldots,b_l^k<1$, $b_{l+1}^k \ge 1,\ldots,b_n^k \ge 1$). 그러면 연습문제 10.6과 11.14의 부등식에 의해 다음이 얻어진다.

$$\left(1+\frac{b_1^k-1}{n}\right)\cdots\left(1+\frac{b_l^k-1}{n}\right)\left(1+\frac{b_{l+1}^k-1}{n}\right)\cdots\left(1+\frac{b_n^k-1}{n}\right)$$

$$\ge\left(1+\frac{b_1^k+\ldots+b_l^k-l}{n}\right)\left(1+\frac{b_{l+1}^k+\ldots+b_n^k-(n-l)}{n}\right)$$

$$=\left(\frac{b_1^k+\ldots+b_l^k+\underbrace{1^k+\ldots+1^k}_{n-l}}{n}\right)\left(\frac{\underbrace{1^k+\ldots+1^k}_{l}+b_{l+1}^k+\ldots+b_n^k}{n}\right)\ge\left(\frac{b_1+b_2+\ldots+b_n}{n}\right)^k$$

$1+\dfrac{b_i^k-1}{n}=\dfrac{(n-1)a_i}{n}$, $i=1,2,\ldots,n$을 생각하자. 그러면 다음을 알 수 있다.

$$\left(\frac{n-1}{n}\right)^n a_1\cdots a_n \ge \left(\frac{\sqrt[k]{n-1}(\sqrt[k]{a_1-1}+\ldots+\sqrt[k]{a_n-1})}{n}\right)^k$$

이로부터 $\dfrac{(n-1)^{\frac{n-1}{k}}}{n^{\frac{n-k}{k}}}\sqrt[k]{a_1\cdots a_n}\ge\sqrt[k]{a_1-1}+\ldots+\sqrt[k]{a_n-1}$ 이 증명된다.

○ 연습문제

다음 부등식을 증명하여라(5.1-5.5, 5.8-5.12, 5.16-5.20).

5.1. $0\le a\le 2$, $0\le b\le 3$에 대해, $4\le a^2+b^2+ab+\sqrt{4-a^2}\cdot\sqrt{9-b^2}\le 19$

5.2. $m\ge 1$, $n\ge 1$에 대해, $n\sqrt{m-1}+m\sqrt{n-1}\le mn$

5.3. $m>n>0$ 에 대해, $\sqrt{m^2-n^2}+\sqrt{2mn-n^2}\ge m$

5.4. $x\ge 1$에 대해, $x>\sqrt{x-1}+\sqrt{x\left(\sqrt{x}-1\right)}$

5.5. 임의의 7개의 수들 중에서 부등식 $0\le \dfrac{x-y}{1+xy}<\dfrac{\sqrt{3}}{3}$ 을 만족시키는 두 수 x, y 를 찾을 수 있다는 것을 증명하여라.

5.7. 연습문제 4.3의 부등식을 증명하여라.

5.8. $$\frac{|a-b|}{\sqrt{1+a^2}\cdot\sqrt{1+b^2}}\le\frac{|a-c|}{\sqrt{1+a^2}\cdot\sqrt{1+c^2}}+\frac{|b-c|}{\sqrt{1+b^2}\cdot\sqrt{1+c^2}}$$

5.9. (a) $a_i>0,\ \ b_i>0,\ \ i=1,\ldots,n$ 에 대해,

$$\sqrt[n]{(a_1+b_1)\cdot\ldots\cdot(a_n+b_n)}\ge\sqrt[n]{a_1\cdot\ldots\cdot a_n}+\sqrt[n]{b_1\cdot\ldots\cdot b_n}$$

(b) $a_i>0,\ \ b_i>0,\ \ i=1,\ldots,n$ 에 대해,

$$\frac{a_1b_1}{a_1+b_1}+\ldots+\frac{a_nb_n}{a_n+b_n}\le\frac{(a_1+\ldots+a_n)(b_1+\ldots+b_n)}{(a_1+\ldots+a_n)+(b_1+\ldots+b_n)}$$

5.10. $x_1>0,\ x_2>0$, $x_1y_1-z_1^2>0,\ \ x_2y_2-z_2^2>0$ 에 대해,

$$\frac{8}{(x_1+x_2)(y_1+y_2)-(z_1+z_2)^2}\le\frac{1}{x_1y_1-z_1^2}+\frac{1}{x_2y_2-z_2^2}$$

5.11. (a) $a \geq 1, b \geq 1, c \geq 1$에 대해, $\sqrt{a-1}+\sqrt{b-1}+\sqrt{c-1} \leq \frac{2}{\sqrt{3}}\sqrt{abc}$

(b) $a \geq 1, b \geq 1, c \geq 1, d \geq 1$에 대해,

$$\sqrt{a-1}+\sqrt{b-1}+\sqrt{c-1}+\sqrt{d-1} \leq \frac{3\sqrt{3}}{4}\sqrt{abcd}$$

5.12. $k \in N$, $a_1 > 0, \ldots, a_n > 0$에 대해, $\frac{a_1^k+\ldots+a_n^k}{n} \geq \left(\frac{a_1+\ldots+a_n}{n}\right)^k$

5.13. 구간 $[a;a+4]$에서 미분가능한 함수 $f(x)$가 주어졌다.

$f'(x_0) < 1+f^2(x_0)$을 만족시키는 점 x_0 $(x_0 \in [a;a+4])$가 존재한다는 것을 증명하여라.

5.14. 함수 $f(x)$는 구간 $[a;b]$에서 정의되며, $f(x) > 0$, $x \in (a,b)$이며 모든 $x \in [a;b]$에 대해 $f(a)=f(b)=0$, $f(x)+f''(x) > 0$이다. $b-a > \pi$를 증명하여라.

5.15. $a \geq \frac{1}{2}, b \geq \frac{1}{2}$에 대해, $\left(\frac{a^2-b^2}{2}\right)^2 \geq \sqrt{\frac{a^2+b^2}{2}}-\frac{a+b}{2}$

5.16. (a) $x_1^3+\ldots+x_n^3=0$, $x_i \in [-1;1]$, $i=1,\ldots,n$에 대해, $x_1+\ldots+x_n \leq \frac{n}{3}$

(b) $x_1+\ldots+x_n=0$, $x_i \in [-2;2]$, $i=1,2,\ldots,n$에 대해, $\left|x_1^3+\ldots+x_n^3\right| \leq 2n$

5.17. $x^2+y^2+z^2=1$에 대해, $\dfrac{x}{1+x^2}+\dfrac{y}{1+y^2}+\dfrac{z}{1+z^2}\le\dfrac{3\sqrt{3}}{4}$

5.18. $a,b,c>0$에 대해, $1<\dfrac{a}{\sqrt{a^2+b^2}}+\dfrac{b}{\sqrt{b^2+c^2}}+\dfrac{c}{\sqrt{c^2+a^2}}\le\dfrac{3\sqrt{2}}{2}$

5.19. $a,b,c,d>0,\ \ a^2+b^2+c^2+d^2=1$에 대해,

$$\sqrt{1-a}+\sqrt{1-b}+\sqrt{1-c}+\sqrt{1-d}\ge\sqrt{a}+\sqrt{b}+\sqrt{c}+\sqrt{d}$$

5.20. $a>0,b>0,c>0$에 대해,

$$\frac{a+b+c}{3}-\sqrt[3]{abc}\le\max\left(\left(\sqrt{a}-\sqrt{b}\right)^2,\left(\sqrt{b}-\sqrt{c}\right)^2,\left(\sqrt{c}-\sqrt{a}\right)^2\right)$$

○ 증명

5.1. $a=2\cos\alpha,\ \ b=3\cos\beta$라 놓자(이때 $\alpha,\beta\in\left[0;\dfrac{\pi}{2}\right]$이다). 그러면 다음이 성립한다.

$$a^2+b^2+ab+\sqrt{4-a^2}\cdot\sqrt{9-b^2}$$

$$=4\cos^2\alpha+9\cos^2\beta+6\cos\alpha\cos\beta+6\sin\alpha\sin\beta$$

$$=4\cos^2\alpha+9\cos^2\beta+6\cos(\alpha-\beta)\le4+9+6=19$$

한편 $6\sin\alpha\sin\beta\ge6\sin^2\alpha$ 또는 $6\sin\alpha\sin\beta\ge6\sin^2\beta$ 이다.

만약 $6\sin\alpha\sin\beta \ge 6\sin^2\alpha$ 이면, 다음이 성립한다.

$4\cos^2\alpha + 9\cos^2\beta + 6\cos\alpha\cos\beta + 6\sin\alpha\sin\beta$

$\ge 4\cos^2\alpha + 6\sin^2\alpha + 9\cos^2\beta + 6\cos\alpha\cos\beta \ge 4$

만약 $6\sin\alpha\sin\beta \ge 6\sin^2\beta$ 이면,

$4\cos^2\alpha + 9\cos^2\beta + 6\cos\alpha\cos\beta + 6\sin\alpha\sin\beta \ge 6$ 이다.

결국 두 가지 경우에서 $a^2 + b^2 + ab + \sqrt{4-a^2}\cdot\sqrt{9-b^2} \ge 4$ 이다.

5.2. $m = \dfrac{1}{\cos^2\alpha}$, $n = \dfrac{1}{\cos^2\beta}$ 이라 하자(이때 $\alpha, \beta \in [0; \frac{\pi}{2})$ 이다). 이 경우에 다음이 성립한다.

$$\frac{n\sqrt{m-1} + m\sqrt{n-1}}{mn} = \frac{\dfrac{1}{\cos^2\beta}\cdot\dfrac{\sin\alpha}{\cos\alpha} + \dfrac{1}{\cos^2\alpha}\cdot\dfrac{\sin\beta}{\cos\beta}}{\dfrac{1}{\cos^2\alpha\cos^2\beta}} = \frac{\sin 2\alpha + \sin 2\beta}{2} \le 1$$

결국 $n\sqrt{m-1} + m\sqrt{n-1} \le mn$ 이다.

5.3. $\dfrac{n}{m} = \sin\alpha$ 라 하자(이때 $\alpha \in \left(0; \dfrac{\pi}{2}\right)$ 이다). 그러면 다음이 성립한다.

$$\frac{\sqrt{m^2-n^2} + \sqrt{2mn-n^2}}{m} = \frac{m\cos\alpha + m\sqrt{2\sin\alpha - \sin^2\alpha}}{m}$$

$$= \cos\alpha + \sqrt{2\sin\alpha - \sin^2\alpha}$$

$$= \cos\alpha + \sqrt{\sin\alpha + \sin\alpha(1-\sin\alpha)} \ge \cos\alpha + \sqrt{\sin\alpha} \ge \cos^2\alpha + \sin^2\alpha = 1$$

결국 $\sqrt{m^2-n^2} + \sqrt{2mn-n^2} \ge m$ 이다.

5.4. $x=\frac{1}{\cos^2\alpha}$ 라 하자(이때 $\alpha\in\left[0;\frac{\pi}{2}\right)$ 이다). 그러면 주어진 부등식은 다음과 같은 형태가 된다.

$\frac{1}{\cos^2\alpha}>\tan\alpha+\frac{1}{\cos\alpha}\sqrt{\frac{1-\cos\alpha}{\cos\alpha}}$ 또는

$$1>\sin\alpha\cos\alpha+\sqrt{\cos\alpha\left(1-\cos\alpha\right)} \tag{5.1}$$

부등식 (3.2)에 의해 $\sqrt{\cos\alpha\left(1-\cos\alpha\right)}\le\frac{1}{2}$, $\sin\alpha\cos\alpha\le\frac{1}{2}$ 이며, 등호는 동시에 성립한다. 이제 이 부등식들을 더하면, 부등식 (5.1)을 얻게 된다.

5.5. 우선 $\frac{1}{\sqrt{k}}+\frac{1}{\sqrt{n+1-k}}\ge 2\sqrt{\frac{2}{n+1}}$ 을 증명하자(이때 $k=1,\ldots,n$).

$k=\left(n+1\right)\sin^2\alpha$ 라 하자(이때 $0<\alpha<\frac{\pi}{2}$ 이다). 그러면 다음이 성립한다.

$$\frac{1}{\sqrt{n+1}\cdot\sin\alpha}+\frac{1}{\sqrt{n+1}\cdot\cos\alpha}$$
$$=\frac{1}{\sqrt{n+1}}\left(\frac{1}{\sin\alpha}+\frac{1}{\cos\alpha}\right)\ge\frac{2}{\sqrt{n+1}}\sqrt{\frac{2}{\sin 2\alpha}}\ge 2\sqrt{\frac{2}{n+1}}$$

$1+\frac{1}{\sqrt{2}}+\ldots+\frac{1}{\sqrt{n}}=\frac{1}{2}\left(\frac{1}{\sqrt{1}}+\frac{1}{\sqrt{n}}\right)+\ldots+\frac{1}{2}\left(\frac{1}{\sqrt{n}}+\frac{1}{\sqrt{1}}\right)$ 이므로, 다음이 성립한다.

$$1+\frac{1}{\sqrt{2}}+\ldots+\frac{1}{\sqrt{n}}\ge n\sqrt{\frac{2}{n+1}}$$

5.6. $x_k=\tan\alpha_k$ 라 하자(이때 $-\frac{\pi}{2}<\alpha_k<\frac{\pi}{2}$, $k=1,\ldots,7$ 이다). 구간 $\left[-\frac{\pi}{2};\frac{\pi}{2}\right)$을 6등분하자. 비둘기 집의 원리에 의해 수 α_1, … , α_7 중에서 적어도 두 개는 같은 구간에 속하게 되며, 결국 $0\le\alpha_i-\alpha_j<\frac{\pi}{6}$이다. 이로부터 다음을 얻을 수 있다. $0\le\frac{x_i-x_j}{1+x_ix_j}=\tan\left(\alpha_i-\alpha_j\right)<\tan\frac{\pi}{6}=\frac{\sqrt{3}}{3}$

5.7. $a=\frac{c}{\cos^2\alpha}$, $b=\frac{c}{\cos^2\beta}$ 라고 하자(이때 $\alpha,\beta\in\left(0;\frac{\pi}{2}\right)$이다). 그러면 몇 번의 변환을 거쳐 어렵지 않게 자명한 부등식 $\sin(\alpha+\beta)\le 1$을 얻을 수 있다.

5.8. $a=\tan\alpha$, $b=\tan\beta$, $c=\tan\gamma$ 라 하면, 부등식은 다음과 같은 형태가 된다.

$$\left|\sin(\alpha-\beta)\right|\le\left|\sin(\alpha-\gamma)\right|+\left|\sin(\beta-\gamma)\right|$$

이것은 다음 방법으로 증명할 수 있다.

$$\left|\sin(\alpha-\beta)\right|=\left|\sin(\alpha-\gamma)\cos(\gamma-\beta)+\sin(\gamma-\beta)\cos(\alpha-\gamma)\right|\le$$
$$\left|\sin(\alpha-\gamma)\cos(\gamma-\beta)\right|+\left|\sin(\gamma-\beta)\cos(\alpha-\gamma)\right|\le\left|\sin(\alpha-\gamma)\right|+\left|\sin(\gamma-\beta)\right|$$

결국 $\left|\sin(\alpha-\beta)\right|\le\left|\sin(\alpha-\gamma)\right|+\left|\sin(\beta-\gamma)\right|$가 된다.

5.9. (a) $\sqrt{\frac{a_i}{b_i}}=\tan\alpha_i$, $i=1,\ldots,n$ 이라 하자. 몇 번의 변환을 수행하면, 다음을 얻을 수 있다.

$$\sqrt[n]{\sin^2\alpha_1\cdot\ldots\cdot\sin^2\alpha_n}+\sqrt[n]{\cos^2\alpha_1\cdot\ldots\cdot\cos^2\alpha_n}\le 1$$

연습문제 2.1의 부등식을 이용하면, 다음을 얻을 수 있다.

$$\sqrt[n]{\sin^2\alpha_1\cdot\ldots\cdot\sin^2\alpha_n}+\sqrt[n]{\cos^2\alpha_1\cdot\ldots\cdot\cos^2\alpha_n}$$

$$\le\frac{\sin^2\alpha_1+\ldots+\sin^2\alpha_n}{n}+\frac{\cos^2\alpha_1+\ldots+\cos^2\alpha_n}{n}$$

$$=\frac{1}{n}\sum_{i=1}^{n}\left(\sin^2\alpha_i+\cos^2\alpha_i\right)=1$$

(b) $\sqrt{\frac{a_i}{b_i}}=\tan\alpha_i$, $i=1,\ldots,n$ 이라 하자. 그러면 다음 부등식을 얻게 된다.

$$\frac{b_1^2\tan^2\alpha_1}{b_1\tan^2\alpha_1+b_1}+\ldots+\frac{b_n^2\tan^2\alpha_n}{b_n\tan^2\alpha_n+b_n}$$

$$\le\frac{\left(b_1\tan^2\alpha_1+\ldots+b_n\tan^2\alpha_n\right)\left(b_1+\ldots+b_n\right)}{\left(b_1\tan^2\alpha_1+\ldots+b_n\tan^2\alpha_n\right)+\left(b_1+\ldots+b_n\right)}$$

이 부등식은 다음 부등식과 동치이다.

$$\sum_{i=1}^{n}b_i\sin^2\alpha_i\le\frac{\left(\sum_{i=1}^{n}b_i\tan^2\alpha_i\right)\left(\sum_{i=1}^{n}b_i\right)}{\sum_{i=1}^{n}\frac{b_i}{\cos^2\alpha_i}}\quad\text{또는}$$

$$\left(\sum_{i=1}^{n}b_i\sin^2\alpha_i\right)\left(\sum_{i=1}^{n}\frac{b_i}{\cos^2\alpha_i}\right)\le\left(\sum_{i=1}^{n}b_i\tan^2\alpha_i\right)\left(\sum_{i=1}^{n}b_i\right)$$

이 부등식의 좌변에서 인수 $b_ib_j\left(\frac{\sin^2\alpha_i}{\cos^2\alpha_j}+\frac{\sin^2\alpha_j}{\cos^2\alpha_j}\right)$는 우변의 인수 $b_ib_j\left(\tan^2\alpha_i+\tan^2\alpha_j\right)$보다 크지 않다. 즉

$\dfrac{\sin^2\alpha_i}{\cos^2\alpha_j}+\dfrac{\sin^2\alpha_j}{\cos^2\alpha_i}\le\tan^2\alpha_i+\tan^2\alpha_j$ 이다. 이 부등식은 다음 부등식에 의해 성립한다.

$$\tan^2\alpha_i+\tan^2\alpha_j-\left(\frac{\sin^2\alpha_i}{\cos^2\alpha_j}+\frac{\sin^2\alpha_j}{\cos^2\alpha_i}\right)=\frac{\left(\sin^2\alpha_i-\sin^2\alpha_j\right)^2}{\cos^2\alpha_i\cdot\cos^2\alpha_j}\ge 0$$

5.10. $z_1=\sqrt{x_1y_1}\cdot\sin\alpha$, $z_2=\sqrt{x_2y_2}\cdot\sin\beta$ 라 하면, 주어진 부등식을 다음과 같이 쓸 수 있다.

$$A=\frac{8}{x_1y_1\cos^2\alpha+x_2y_2\cos^2\beta+x_1y_2\cos^2\alpha+x_2y_1\cos^2\beta+\left(\sqrt{x_1y_2}\sin\alpha-\sqrt{y_1y_2}\sin\beta\right)^2}$$

$$\le\frac{1}{x_1y_1\cos^2\alpha}+\frac{1}{x_2y_2\cos^2\beta}$$

이제 다음을 생각하자.

$$A\le\frac{8}{x_1y_1\cos^2\alpha+x_2y_2\cos^2\beta+x_1y_2\cos^2\alpha+x_2y_1\cos^2\beta}\tag{5.2}$$

한편 다음이 성립한다.

$$\left(x_1y_1\cos^2\alpha+x_2y_2\cos^2\beta+x_1y_2\cos^2\alpha+x_2y_1\cos^2\beta\right)$$

$$\left(\frac{1}{x_1y_1\cos^2\alpha}+\frac{1}{x_2y_2\cos^2\beta}\right)$$

$$=2+\left(\frac{x_1y_1\cos^2\alpha}{x_2y_2\cos^2\beta}+\frac{x_2y_2\cos^2\beta}{x_1y_1\cos^2\alpha}\right)+\left(\frac{y_2}{y_1}+\frac{y_1}{y_2}\right)+\left(\frac{x_2\cos^2\beta}{x_1\cos^2\alpha}+\frac{x_1\cos^2\alpha}{x_2\cos^2\beta}\right)\ge 8$$

결국 부등식 (5.3)을 얻게 된다.

$$\frac{8}{x_1y_1\cos^2\alpha + x_2y_2\cos^2\beta + x_1y_2\cos^2\alpha + x_2y_1\cos^2\beta}$$

$$\le \frac{1}{x_1y_1\cos^2\alpha} + \frac{1}{x_2y_2\cos^2\beta}$$

(5.2)와 (5.3)으로부터 부등식이 유도된다.

5.11. $\alpha, \beta, \gamma, \varphi \in \left[0; \frac{\pi}{2}\right)$에 대해

$a = \frac{1}{\cos^2\alpha}$, $b = \frac{1}{\cos^2\beta}$, $c = \frac{1}{\cos^2\gamma}$, $d = \frac{1}{\cos^2\varphi}$ 라고 하자.

(a) 주어진 부등식은 다음과 같은 형태가 된다.

$$\tan\alpha + \tan\beta + \tan\gamma \le \frac{2}{\sqrt{3}\cos\alpha\cos\beta\cos\gamma} \quad \text{또는}$$

$$\cos\alpha\cos\beta\cos\gamma\left(\tan\alpha + \tan\beta + \tan\gamma\right) \le \frac{2}{\sqrt{3}}$$

$$\cos\alpha\cos\beta\cos\gamma\left(\tan\alpha + \tan\beta + \tan\gamma\right)$$

$= \sin\left(\alpha + \beta\right)\cos\gamma + \cos\alpha\cos\beta\cos\gamma = B$ 이므로,

부등식 (4.1)을 이용하면 다음을 얻을 수 있다.

$$B \le \sqrt{\left(\sin^2\left(\alpha + \beta\right) + \cos^2\alpha\cos^2\beta\right)\left(\cos^2\gamma + \sin^2\gamma\right)}$$

$$= \sqrt{\sin^2\left(\alpha + \beta\right) + \cos^2\alpha\cos^2\beta}$$

이제 $\sin^2\left(\alpha + \beta\right) + \cos^2\alpha\cos^2\beta \le \frac{4}{3}$를 증명하자. 다음이 성립한다.

$$\sin^2(\alpha+\beta)+\left(\frac{1}{2}\left(\cos(\alpha-\beta)+\cos(\alpha+\beta)\right)\right)^2=\sin^2(\alpha+\beta)$$

$$+\frac{1}{4}\cos^2(\alpha-\beta)+\frac{1}{2}\cos(\alpha-\beta)\cos(\alpha+\beta)+\frac{1}{4}\cos^2(\alpha+\beta)$$

$$\le\sin^2(\alpha+\beta)+\frac{1}{4}+\frac{1}{2}\left|\cos(\alpha+\beta)\right|+\frac{1}{4}\cos^2(\alpha+\beta)$$

$$=-\frac{3}{4}\cos^2(\alpha+\beta)+\frac{5}{4}+\frac{1}{2}\left|\cos(\alpha+\beta)\right|$$

$$=-\frac{3}{4}\left(\left|\cos(\alpha+\beta)\right|-\frac{1}{3}\right)^2+\frac{4}{3}\le\frac{4}{3}$$

(b) 주어진 부등식은 다음과 같은 형태가 된다.

$$M=\cos\alpha\cos\beta\cos\gamma\cos\varphi\left(\tan\alpha+\tan\beta+\tan\gamma+\tan\varphi\right)\le\frac{3\sqrt{3}}{4}$$

어렵지 않게 다음을 보일 수 있다.

$$M=\sin(\alpha+\beta)\cos\gamma\cos\varphi+\sin(\gamma+\varphi)\cos\alpha\cos\beta$$

부등식 (3.2)에 의해

$$M\le\sin(\alpha+\beta)\left(\frac{\cos\gamma+\cos\varphi}{2}\right)^2+\sin(\gamma+\varphi)\left(\frac{\cos\alpha+\cos\beta}{2}\right)^2$$ 이다.

$x, y\in\left[0;\frac{\pi}{2}\right]$에 대해

$$\frac{\cos x+\cos y}{2}=\cos\frac{x+y}{2}\cos\frac{x-y}{2}\le\cos\frac{x+y}{2}$$ 이므로,

$$=2\cos\frac{\alpha+\beta}{2}\cos\frac{\gamma+\varphi}{2}\left(\sin\frac{\alpha+\beta}{2}\cos\frac{\gamma+\varphi}{2}+\sin\frac{\gamma+\varphi}{2}\cos\frac{\alpha+\beta}{2}\right)$$

$$=2\cos\frac{\alpha+\beta}{2}\cos\frac{\gamma+\varphi}{2}\sin\frac{\alpha+\beta+\gamma+\varphi}{2}$$

$$\le 2\cos^2\frac{\alpha+\beta+\gamma+\varphi}{4}\sin\frac{\alpha+\beta+\gamma+\varphi}{2}$$

$$=4\cos^3\frac{\alpha+\beta+\gamma+\varphi}{4}\sin\frac{\alpha+\beta+\gamma+\varphi}{4}$$

$\cos^3 t\sin t\le\frac{3\sqrt{3}}{16}$ 이므로(연습문제 3.28을 참고할 것), $M\le\frac{3\sqrt{3}}{4}$ 이다.

5.12. $\frac{a_1+\ldots+a_n}{n}=a$, $a_i=a+x_i$, $i=1,\ldots,n$ 이라 하자. 그러면 조건

$a+x_i>0$ 으로부터 $\frac{x_i}{a}>-1$ 이 얻어지며, 결국 베르누리 부등식에 의해

$\left(1+\frac{x_i}{a}\right)^k\ge 1+k\frac{x_i}{a}$, $i=1,\ldots,n$ 이다. 이로부터 $(a+x_i)^k\ge a^k+ka^{k-1}x_i$ 이다.

얻어진 부등식들을 더하자. $x_1+\ldots+x_n=a_1+\ldots+a_n-na=0$ 이므로, 다음을 알 수 있다.

$$(a+x_1)^k+\ldots+(a+x_n)^k\ge na^k+ka^{k-1}(x_1+\ldots+x_n)=na^k$$

이와 같이 $\frac{a_1^k+\ldots+a_n^k}{n}\ge\left(\frac{a_1+\ldots+a_n}{n}\right)^k$ 이다.

5.13. 귀류법으로 증명하자. 임의의 $x\in[a;a+4]$ 에 대해, $f'(x)\ge 1+f^2(x)$ 를

가정하자. $\arctan f(x)=g(x)$ 라 하면, $-\frac{\pi}{2}<g(x)<\frac{\pi}{2}$ 이고

$f(x)=\tan(g(x))$ 이다.

$f'(x)=\dfrac{g'(x)}{\cos^2 g(x)} \geq 1+f^2(x)=\dfrac{1}{\cos^2 g(x)}$ 이 얻어지고, 이로부터

$g'(x)\geq 1$ 이다. 이것은 함수 $g(x)-x$ 가 감소하지 않는다는 것을 의미한다. 결국 다음을 알 수 있다.

$g(b)-b \geq g(a)-a$ 또는

$$g(b)-g(a)\geq b-a \tag{5.4}$$

이때 $b=a+4$ 이다. $g(b),g(a)\in\left(-\dfrac{\pi}{2};\dfrac{\pi}{2}\right)$ 이므로, 다음을 알 수 있다.

$$g(b)-g(a)<\pi \tag{5.5}$$

부등식 (5.4)와 (5.5), 조건 $b-a=4$ 로부터 $\pi>4$ 가 유도된다. 이로부터 모순이 발생한다. 결국 $x_0\in[a;a+4]$, $f'(x_0)<1+f^2(x_0)$ 인 x_0 가 존재한다.

5.14. 일반성을 잃지 않고 $a=0$ 라고 할 수 있다(반대의 경우에는 함수 $f(x-a)$ 를 생각한다). 이 경우에 $b>\pi$ 를 증명하면 된다. 귀류법으로 증명하자. 즉 $b\leq\pi$ 라 하자. 구간 $[0;b]$ 에서 다음 함수를 생각하자.

$$F(x)=-\frac{\pi}{b}f(x)\cos\left(\frac{\pi}{b}x\right)+f'(x)\sin\left(\frac{\pi}{b}x\right)$$

이때 $F(0)=F(b)=0$ 이다. 결국 롤의 정리에 의해, $F'(c)=0$ 인 $c\in(0;b)$ 가 존재한다. 그러나 다음이 성립한다.

$$F'(c)=\frac{\pi^2}{b^2}f(c)\sin\left(\frac{\pi}{b}c\right)+f''(c)\sin\left(\frac{\pi}{b}c\right)$$

$$=\left(\frac{\pi^2}{b^2}f(c)+f''(c)\right)\sin\left(\frac{\pi}{b}c\right)\geq\left(f(c)+f''(c)\right)\sin\left(\frac{\pi}{b}c\right)>0$$

즉 $F'(c)>0$ 을 얻었고, 이것은 등식 $F'(c)=0$ 에 모순된다. 결국 우리의 가정은 옳지 않으며, $b>\pi$ 이다.

5.15. 일반성을 잃지 않고 $a\geq b$ 라고 할 수 있다. $\frac{\pi}{4}\leq\alpha<\frac{\pi}{2}$ 에 대해 $a=b\tan\alpha$ 라고 하자. 이 경우에 주어진 부등식은 다음과 같이 된다.

$$b^4\frac{\cos^2 2\alpha}{4\cos^4\alpha}\geq b\frac{1}{\sqrt{2}\cos\alpha}-b\frac{\sin\alpha+\cos\alpha}{2\cos\alpha}$$ 또는

$$b^3\cos^2 2\alpha\geq 2\cos^3\alpha\left(\sqrt{2}-\sin\alpha-\cos\alpha\right)$$

이제 증명을 위해, 영역 $\left[\frac{\pi}{4};\frac{\pi}{2}\right)$ 의 α 에 대해 다음 부등식을 증명하자.

$$\frac{1}{8}\cos^2 2\alpha\geq 2\cos^3\alpha\left(\sqrt{2}-\sin\alpha-\cos\alpha\right)$$

이때 이 부등식은 다음 부등식과 동치이다.

$$\frac{1}{2}\cos^2(\alpha+\pi/4)\sin^2(\alpha+\pi/4)\geq 2\sqrt{2}\cos^3\alpha\left(1-\sin(\alpha+\pi/4)\right)$$ 또는

$$\frac{1}{2}\left(1-\sin^2(\alpha+\pi/4)\right)\sin^2(\alpha+\pi/4)\geq 2\sqrt{2}\cos^3\alpha\left(1-\sin(\alpha+\pi/4)\right)$$

마지막 부등식의 우변과 좌변의 차가

$$\frac{1}{2}\left(1-\sin(\alpha+\pi/4)\right)\left(\sin^2(\alpha+\pi/4)+\sin^3(\alpha+\pi/4)-4\sqrt{2}\cos^3\alpha\right)\geq 0$$

이므로, 마지막 부등식은 성립한다. 왜냐 하면, 다음 부등식이 성립한다.

$$1 \geq \sin\left(\alpha + \frac{\pi}{4}\right),$$

$$\sin^2\left(\alpha + \frac{\pi}{4}\right) \geq 2\cos^2\alpha,\ 1 + \sin\left(\alpha + \frac{\pi}{4}\right) \geq 2\sqrt{2}\cdot\cos\alpha\ \left(\frac{\pi}{4} \leq \alpha < \frac{\pi}{2}\right)$$

5.16. (a) $x_i = \sin\alpha_i,\ \ i = 1, \ldots, n$ 이라 하자. 그러면 다음이 성립한다.

$$\sum_{i=1}^{n}\left(3\sin\alpha_i - 4\sin^3\alpha_i\right) = \sum_{i=1}^{n}\sin 3\alpha_i$$

결국 $\displaystyle\sum_{i=1}^{n} x_i = \sum_{i=1}^{n}\sin\alpha_i = \frac{1}{3}\sum_{i=1}^{n}\sin 3\alpha_i \leq \frac{n}{3}$ 이다.

(b) $x_i = 2\sin\alpha_i, i = 1, 2, \ldots, n$ 이라 하자. 그러면

$\displaystyle\sum_{i=1}^{n}(3\sin\alpha_i - 4\sin^3\alpha_i) = \sum_{i=1}^{n}\sin 3\alpha_i$ 이다. 결국

$\displaystyle\left|x_1^3 + x_2^3 + \ldots + x_n^3\right| = 2\left|\sum_{i=1}^{n}\sin 3\alpha_i\right| \leq 2\sum_{i=1}^{n}\left|\sin 3\alpha_i\right| \leq 2n$ 이므로,

$\left|x_1^3 + x_2^3 + \ldots + x_n^3\right| \leq 2n$ 이다.

5.17. 일반성을 잃지 않고 $x, y, z \geq 0$ 이라고 할 수 있다. 다음을 생각하자.

$$\frac{x}{1+x^2} + \frac{y}{1+y^2} + \frac{z}{1+z^2} \leq \frac{|x|}{1+|x|^2} + \frac{|y|}{1+|y|^2} + \frac{|z|}{1+|z|^2},$$

$$|x|^2 + |y|^2 + |z|^2 = 1$$

$\alpha, \beta, \gamma \in \left[0; \dfrac{\pi}{4}\right]$ 에 대해 $x = \tan\alpha, y = \tan\beta, z = \tan\gamma$ 라 하자. 연습문제 4.13에 의해 $xy + yz + xz \leq x^2 + y^2 + z^2$ 이다. 결국

$\tan\alpha\tan\beta+\tan\beta\tan\gamma+\tan\gamma\tan\alpha\le 1$ 이며, $\tan\gamma\cdot\dfrac{\tan\alpha+\tan\beta}{1-\tan\alpha\tan\beta}\le 1$

또는 $\tan(\alpha+\beta)\le\tan\left(\dfrac{\pi}{2}-\gamma\right)$ 이다. 그러므로 $\alpha+\beta\le\dfrac{\pi}{2}-\gamma$, 즉

$\alpha+\beta+\gamma\le\dfrac{\pi}{2}$ 이다.

다음을 생각하자.

$$\frac{x}{1+x^2}+\frac{y}{1+y^2}+\frac{z}{1+z^2}$$

$$=\frac{1}{2}(\sin 2\alpha+\sin 2\beta+\sin 2\gamma)\le\frac{1}{2}\cdot 3\sin\frac{2\alpha+2\beta+2\gamma}{3}\le\frac{3}{2}\sin\frac{\pi}{3}=\frac{3\sqrt{3}}{4}$$

5.18. 다음을 생각하자.

$$\frac{a}{\sqrt{a^2+b^2}}+\frac{b}{\sqrt{b^2+c^2}}+\frac{c}{\sqrt{c^2+a^2}}>\frac{a}{a+b}+\frac{b}{b+c}+\frac{c}{c+a}$$

$$>\frac{a}{a+b+c}+\frac{b}{a+b+c}+\frac{c}{a+b+c}=1$$

$$\frac{a}{\sqrt{a^2+b^2}}+\frac{b}{\sqrt{b^2+c^2}}+\frac{c}{\sqrt{c^2+a^2}}$$

$$>\frac{a}{a+b}+\frac{b}{b+c}+\frac{c}{c+a}>\frac{a}{a+b+c}+\frac{b}{a+b+c}+\frac{c}{a+b+c}=1$$

그러므로 $\dfrac{a}{\sqrt{a^2+b^2}}+\dfrac{b}{\sqrt{b^2+c^2}}+\dfrac{c}{\sqrt{c^2+a^2}}>1$ 이다.

$m,n,k>0$ 에 대해 표기 $a^2+b^2=m^2, b^2+c^2=n^2, c^2+a^2=k^2$ 을 도입하자.

그러면 $(m+n)^2>m^2+n^2>k^2$ 이며, $m+n>k$ 를 얻는다. 유사한 방법으로

$n+k>m, \quad m+k>n$ 을 얻을 수 있다.

변의 길이가 m,n,k 인 예각삼각형이 각 α,β,γ 를 가진다고 하자. 코사인 정리와 사인 정리를 이용하면, 주어진 부등식은 다음과 같이 쓸 수 있다.

$$\sin\alpha\sqrt{\sin 2\gamma}+\sin\beta\sqrt{\sin 2\alpha}+\sin\gamma\sqrt{\sin 2\beta}\le 3\sqrt{\sin\alpha\sin\beta\sin\gamma}$$

결국 부등식 (4.2)에 의해 다음을 얻을 수 있다.

$$\sin\alpha\sqrt{\sin 2\gamma}+\sin\beta\sqrt{\sin 2\alpha}+\sin\gamma\sqrt{\sin 2\beta}\le$$
$$\le\sqrt{(\sin^2\alpha+\sin^2\beta+\sin^2\gamma)(\sin 2\alpha+\sin 2\beta+\sin 2\gamma)}=$$
$$=\sqrt{4\sin\alpha\sin\beta\sin\gamma(2+0,25\cos^2(\alpha-\beta)-(\cos\gamma-0,5\cos(\alpha-\beta))^2}\le$$
$$\le 3\sqrt{\sin\alpha\sin\beta\sin\gamma}$$

그러므로

$\sin\alpha\sqrt{\sin 2\gamma}+\sin\beta\sqrt{\sin 2\alpha}+\sin\gamma\sqrt{\sin 2\beta}\le 3\sqrt{\sin\alpha\sin\beta\sin\gamma}$ 이다.

5.19. $0\le a\le 1$ 인 임의의 수 a 에 대해 부등식 $\sqrt{1-a}\ge\sqrt{a}+\frac{\sqrt{2}}{2}(1-4a^2)$ 을 증명하자. $\alpha\in\left[0;\frac{\pi}{2}\right]$ 에 대해 $a=\sin^2\alpha$ 이라 하면, 주어진 부등식은 다음이 된다.

$$\cos\alpha-\sin\alpha\ge\frac{\sqrt{2}}{4}\cos 2\alpha(2-\cos 2\alpha)$$

만약 $0\le\alpha\le\frac{\pi}{4}$ 이면, $\cos\alpha-\sin\alpha\ge 0,\ \cos\alpha+\sin\alpha\le\sqrt{2}$ 이고 $2-\cos 2\alpha\le 2$ 이다. 결국 위의 부등식은 성립한다.

만약 $\frac{\pi}{4}\le\alpha\le\frac{\pi}{2}$ 이면, 표기 $\alpha=\frac{\pi}{4}+\beta$ 를 이용하면 위의 부등식은

$\cos^2\beta\cos\frac{\beta}{2}\ge\sin\frac{\beta}{2}$ 이 되며, 증명을 위해 $\cos^2\beta(1+\cos\beta)\ge\sin\beta$ 를 보이면 된다.

$0\le\beta\le\frac{\pi}{4}$ 이면 $\cos^2\beta(1+\cos\beta)\ge\frac{1}{2}(1+\frac{\sqrt{2}}{2})>\frac{\sqrt{2}}{2}\ge\sin\beta$ 이므로,

$\cos^2\beta(1+\cos\beta)>\sin\beta$ 이다.

다음이 성립한다.

$$\sqrt{1-a}+\sqrt{1-b}+\sqrt{1-c}+\sqrt{1-d}$$

$$\ge\sqrt{a}+\sqrt{b}+\sqrt{c}+\sqrt{d}+\frac{\sqrt{2}}{2}(1-4a^2+1-4b^2+1-4c^2+1-4d^2)$$

결국 $\sqrt{1-a}+\sqrt{1-b}+\sqrt{1-c}+\sqrt{1-d}\ge\sqrt{a}+\sqrt{b}+\sqrt{c}+\sqrt{d}$ 이다.

5.20. 일반성을 잃지 않고 $a\ge b\ge c$ 라 할 수 있다. $a=x^3$, $b=y^3$, $c=z^3$ 이라 하자. 그러면 $x\ge y\ge z>0$ 이다. 그리고 주어진 부등식은

$\frac{x^3+y^3+z^3}{3}-xyz\le\left(\sqrt{x^3}-\sqrt{z^3}\right)^2$ 이 된다. 다음이 성립한다.

$$\frac{x^3+y^3+z^3}{3}-xyz=\frac{1}{6}(x+y+z)\left((x-z)^2+(x-y)^2+(y-z)^2\right)$$

$$\le\frac{x}{2}\left((x-z)^2+(x-y+y-z)^2\right)$$

$$=\left(\sqrt{x}-\sqrt{z}\right)^2\left(x+\sqrt{xz}\right)^2\le\left(\sqrt{x}-\sqrt{z}\right)^2\left(x+\sqrt{xz}+z\right)^2$$

$$=\left(\sqrt{x^3}-\sqrt{z^3}\right)^2$$

결국 $\frac{x^3+y^3+z^3}{3}-xyz \le \left(\sqrt{x^3}-\sqrt{z^3}\right)^2$ 이다.

내 힘으로 해결하기

다음 부등식을 증명하여라(2-26).

1. $a^2+b^2=1$ 이 주어졌다. 다음 부등식을 증명하여라.

(a) $|a+b| \le \sqrt{2}$

(b) $|a-b| \le \sqrt{2}$

(c) $|ab| \le \frac{1}{2}$

(d) $|a^2b+ab^2| \le \frac{\sqrt{2}}{2}$

2. $|x| \le 1,\ |y| \le 1$ 에 대해, $\left|xy-\sqrt{(1-x^2)(1-y^2)}\right| \le 1$

3. $|x| \le 1,\ |y| \le 1$ 에 대해, $\sqrt{1-x^2}+\sqrt{1-y^2} \le 2\sqrt{1-\left(\frac{x+y}{2}\right)^2}$

4. $x>0$ 에 대해, $\left(x+\frac{1}{x}\right)\text{arccot}x > 1$

5. $\frac{\pi}{3} \le \alpha < \frac{\pi}{2}$, $\frac{\pi}{3} \le \beta < \frac{\pi}{2}$ 에 대해,

$$\frac{2}{\cos\alpha + \cos\beta} - 1 \le \sqrt{\left(\frac{1}{\cos\alpha} - 1\right)\left(\frac{1}{\cos\beta} - 1\right)}$$

6. $0 \le a_1 < 1, \dots, 0 \le a_n < 1$ 에 대해, $\frac{a_1}{1-a_1} + \dots + \frac{a_n}{1-a_n} \ge \frac{n(a_1 + \dots + a_n)}{n - (a_1 + \dots + a_n)}$

7. $a, b, c > 0$, $a + b + c = abc$ 에 대해, $\frac{1}{\sqrt{1+a^2}} + \frac{1}{\sqrt{1+b^2}} + \frac{1}{\sqrt{1+c^2}} \le \frac{3}{2}$

8. $a > 0$ 에 대해, $\frac{|x-y|}{1+a|x-y|} + \frac{|y-z|}{1+a|y-z|} \ge \frac{|x-z|}{1+a|x-z|}$

9. $x > 0,\ y > 0,\ z > 0$, $xy + yz + zx = 1$ 에 대해,

$$\frac{2x(1-x^2)}{(1+x^2)^2} + \frac{2y(1-y^2)}{(1+y^2)^2} + \frac{2z(1-z^2)}{(1+z^2)^2} \le \frac{x}{1+x^2} + \frac{y}{1+y^2} + \frac{z}{1+z^2}$$

10. $a_1 \ge .. \ge a_n \ge a_{n+1} = 0$ 에 대해,

$$\sqrt{a_1 + a_2 + \dots + a_n} \le \sqrt{1}\left(\sqrt{a_1} - \sqrt{a_2}\right) + \sqrt{2}\left(\sqrt{a_2} - \sqrt{a_3}\right) + \dots + \sqrt{n}\left(\sqrt{a_n} - \sqrt{a_{n+1}}\right)$$

11. $a_1 > 0, \dots, a_n > 0$ 에 대해, $\frac{1}{\frac{1}{1+a_1} + \dots + \frac{1}{1+a_n}} - \frac{1}{\frac{1}{a_1} + \dots + \frac{1}{a_n}} \ge \frac{1}{n}$

12. $0 \le a \le 1, 0 \le b \le 1, 0 \le c \le 1$에 대해,

$$a+b+c-2\sqrt{abc} \ge ab+bc+ca-2abc$$

13. $0 \le a \le 1, \ 0 \le b \le 1, 0 \le c \le 1$에 대해,

$$\sqrt{a(1-b)(1-c)}+\sqrt{b(1-a)(1-c)}+\sqrt{c(1-a)(1-b)} \le 1+\sqrt{abc}$$

14. $x, y, z \ge 0$에 대해,

$$((x+y)(y+z)(x+z))^2 \ge xyz(2x+y+z)(2y+z+x)(2z+x+y)$$

참고. 만일 $x^2+y^2+z^2 \ne 0$이면, $x+y+z=1$이라 할 수 있다. $\alpha+\beta+\gamma=\frac{\pi}{2}$에 대해 $x=\tan\alpha\tan\beta$, $y=\tan\beta\tan\gamma$, $z=\tan\alpha\tan\gamma$라 하면, $((1-x)(1-y)(1-z))^2 \ge xyz(1+x)(1+y)(1+z)$를 증명하면 된다.

15. $0<a<1, 0<b<1$에 대해, $\dfrac{ab(1-a)(1-b)}{(1-ab)^2}<\dfrac{1}{4}$

참고. $\alpha, \beta \in \left(0; \dfrac{\pi}{2}\right)$에 대해 $a=\sin^2\alpha, b=\sin^2\beta$라 하자.

16. $n>3, a_1+\dots+a_n \ge n, a_1^2+\dots+a_n^2 \ge n^2$에 대해, $\max(a_1,\dots,a_n) \ge 2$

참고. $a_i=2-b_i$, $b_i>0, i=1,\dots,n$이라 하자. 그러면 $b_1+\dots+b_n \le n$, $b_1^2+\dots+b_n^2-4(b_1+\dots+b_n) \ge n(n-4)$이다. 그러므로 $(b-4)(b_1+\dots+b_n) \ge n(n-4)$이다(이때 $b=\max(b_1,\dots,b_n)$ 이다).

17. $n \ge 3,\ a_1, \ldots, a_n \ge 0$, $a_1 + a_2 + \ldots + a_n = 1$에 대해,

$$\sqrt{a_1 + \frac{(a_n - a_{n-1})^2}{4(n-2)}} + \ldots + \sqrt{a_{n-2} + \frac{(a_n - a_{n-1})^2}{4(n-2)}} + \sqrt{a_{n-1}} + \sqrt{a_n} \le \sqrt{n}$$

참고. $\sqrt{a_{n-1}} = x + t,\ \sqrt{a_n} = x - t$ 이다. 이 경우에 $x \le \frac{1}{\sqrt{2}}$ 이고, 부등식의 좌변은 $\sqrt{(n-2)(1-2x^2)} + 2x$ 보다 크다.

18. $0 \le x, y \le 1$에 대해, $2\sqrt{(x^2-1)(y^2-1)} \le 2(x-1)(y-1)+1$

19. $a^3 + b^3 + c^3 - 3abc \le \sqrt{(a^2+b^2+c^2)^3}$

20. $x_1, \ldots, x_n > 0$, $x_1 \cdot \ldots \cdot x_n = 1$에 대해, $\frac{1}{n-1+x_1} + \ldots + \frac{1}{n-1+x_n} \le 1$

참고. $y_i > 0$에 대해 $x_i = y_i^{\,n}, i = 1, \ldots, n$이라 하자. 그러면 $y_1 \cdot \ldots \cdot y_n = 1$,

$$n-1+x_i = n-1+\frac{y_i^{\,n}}{y_1 \cdot \ldots \cdot y_n} \ge n-1+\frac{(n-1)y_i^{\,n-1}}{y_1^{\,n-1} + \ldots + y_n^{\,n-1} - y_i^{\,n-1}}$$ 이다.

21. $0 \le x < 1, 0 \le y < 1$ 에 대해, $\frac{x}{\sqrt{1-x}} + \frac{y}{\sqrt{1-y}} \ge \frac{x+y}{\sqrt{1-\frac{x+y}{2}}}$

22. $n \ge 2, n \in N, x_1, \ldots, x_n > 0$, $x_1 + \ldots + x_n = 1$에 대해,

$$\frac{x_1}{\sqrt{1-x_1}} + \ldots + \frac{x_n}{\sqrt{1-x_n}} \ge \frac{\sqrt{x_1} + \ldots + \sqrt{x_n}}{\sqrt{n-1}}$$

참고. $1-x_i=a_i, i=1,...,n$ 이라 하자.

23. $0\le x, y\le 0.5$ 에 대해, $\frac{x}{\sqrt{4y^2+1}}+\frac{y}{\sqrt{4x^2+1}}\le\frac{\sqrt{2}}{2}$

참고. $0\le\alpha,\beta\le\frac{\pi}{4}$ 에 대해 $2x=\tan\alpha, 2y=\tan\beta$ 라 하자.

24. $a>0, b>0, c>0$, $a^2+b^2+c^2+abc=4$ 에 대해,

$0\le ab+bc+ca-abc\le 2$

25. $a>0, b>0, c>0$, $a^2+b^2+c^2+abc=4$ 에 대해, $a+b+c\le 3$

26. $x>0,\ y>0,\ z>0$, $x+y+z=xyz$ 에 대해,

$(x-1)(y-1)(z-1)\le 6\sqrt{3}-10$

참고. $\alpha,\beta,\gamma\in\left(0;\frac{\pi}{2}\right)$에 대해 $x=\tan\alpha,\ y=\tan\beta,\ z=\tan\gamma$ 라고 하자. 그러면

$\alpha+\beta+\gamma=\pi$, $\beta>\frac{\pi}{4}$ 이다. 다음을 생각하자.

$$(\tan\alpha-1)(\tan\gamma-1)=2+\frac{\cos\beta-\sin\beta}{\cos\alpha\cos\gamma}\le 2+\frac{\cos\beta-\sin\beta}{\cos\frac{\pi}{3}\cos\left(\alpha+\gamma-\frac{\pi}{3}\right)}$$

27. 임의의 4개의 수들 중에서 부등식 $\frac{1+ab}{\sqrt{1+a^2}\cdot\sqrt{1+b^2}}>\frac{1}{2}$ 을 만족시키는 두 수 a, b 를 구하여라.

28. $x+y+z=0$, $x^2+y^2+z^2=6$ 에 대해 식 $x^2y+y^2z+z^2x$ 의 모든 가능한 값들을 구하여라.

29. 수열 (h_n) 이 다음과 같이 주어졌다.

$$h_1=\frac{1}{2},\ h_{n+1}=\sqrt{\frac{1-\sqrt{1-h_n^2}}{2}},\qquad n=1,2,\ldots$$

부등식 $h_1+\ldots+h_n\le 1.03$ 을 증명하여라.

06
대칭과 동차성을 이용한 방법

부등식을 증명할 때에 대수식의 대칭성과 동차성을 이용하는 것이 유익한 경우가 많다. 이에 관련된 부등식 증명 방법을 살펴보자.

예제

6.1. $x \geq 0,\ y \geq 0,\ z \geq 0$ 에 대해, 다음 부등식을 증명하여라.

$$x(x-z)^2 + y(y-z)^2 \geq (x-z)(y-z)(x+y-z) \tag{6.1}$$

증명. 부등식 (6.1)을

$x^3 + y^3 + z^3 - x^2y - x^2z - y^2x - y^2z - z^2x - z^2y + 3xyz \geq 0$ 으로 변형하면, 변수 x, y, z 에 대한 대칭 부등식을 얻을 수 있다. 이때 $x \geq z \geq y$ 라 할 수 있으며, 이때 $x(x-z)^2 + y(y-z)^2 \geq 0 \geq (x-z)(y-z)(x+y-z)$ 이다. 이로부터 다음 부등식이 얻어진다.

$$x(x-z)^2 + y(y-z)^2 \geq (x-z)(y-z)(x+y-z).$$

예제

6.2. $a_i > 0,\ b_i > 0,\ c_i > 0,\ \ i = 1, \ldots, n$ 에 대해, 다음 부등식을 증명하여라.

$$(a_1b_1c_1 + \ldots + a_nb_nc_n)^3 \leq (a_1^3 + \ldots + a_n^3)(b_1^3 + \ldots + b_n^3)(c_1^3 + \ldots + c_n^3)$$

증명. 임의의 양수 λ 에 대해, 만약 변수 $a_1, \ldots, a_n$ 를 변수 $\lambda a_1, \ldots, \lambda a_n$ 로 바꾸면, 동치인 부등식이 얻어진다. 그러므로 $(\lambda a_1)^3 + \ldots + (\lambda a_n)^3 = 1$ 인 λ 를 잡을 수 있다.

이로부터 일반성을 잃지 않고 $a_1^3 + \ldots + a_n^3 = b_1^3 + \ldots + b_n^3 = c_1^3 + \ldots + c_n^3 = 1$ 이라 할 수 있다. 이제 $a_1b_1c_1 + \ldots + a_nb_nc_n \le 1$ 을 증명하면 된다.

$a_ib_ic_i \le \dfrac{a_i^3 + b_i^3 + c_i^3}{3}$, $i = 1, \ldots, n$ 이 성립한다(연습문제 2.1). 얻어진 부등식들을 서로 더하면, $a_1b_1c_1 + \ldots + a_nb_nc_n \le 1$ 이 된다.

예제

6.3. $a > 0, b > 0, c > 0$ 에 대해,

부등식 $\sqrt{\dfrac{a}{b+c}} + \sqrt{\dfrac{b}{a+c}} + \sqrt{\dfrac{c}{a+b}} > 2$ 를 증명하여라.

증명. 일반성을 잃지 않고 $a + b + c = 1$ 이라 할 수 있다.

$\sqrt{\dfrac{a}{1-a}} \ge 2a$ 을 생각하자. 이때 등호는 $a = \dfrac{1}{2}$ 일 때에 성립한다.

결국 다음이 얻어진다.

$$\sqrt{\frac{a}{b+c}} + \sqrt{\frac{b}{a+c}} + \sqrt{\frac{c}{a+b}} = \sqrt{\frac{a}{1-a}} + \sqrt{\frac{b}{1-b}} + \sqrt{\frac{c}{1-c}} > 2a + 2b + 2c = 2$$

연습문제

다음 부등식을 증명하여라.

6.1. $a>0,\ b>0,\ c>0$에 대해, $abc \ge (a+b-c)(b+c-a)(a+c-b)$

6.2. $(a_1b_1+\ldots+a_nb_n)^2 \le (a_1^2+\ldots+a_n^2)(b_1^2+\ldots+b_n^2)$

6.3. $a>0,\ b>0$에 대해, $(a+b)^2\cdot\ldots\cdot(a^n+b^n)^2 \ge (a^{n+1}+b^{n+1})^n$

6.4. $0<\beta<\alpha,\ \ a_1>0, \ldots, a_n>0$에 대해, $(a_1^\alpha+\ldots+a_n^\alpha)^\beta \le (a_1^\beta+\ldots+a_n^\beta)^\alpha$

6.5. $a>0,\ b>0,\ c>0$에 대해, $\dfrac{a}{b+c}+\dfrac{b}{c+a}+\dfrac{c}{a+b}\ge\dfrac{3}{2}$

6.6. $a>0,\ b>0,\ c>0,\ d>0$에 대해,

$$\sqrt{\frac{a}{b+c+d}}+\sqrt{\frac{b}{a+c+d}}+\sqrt{\frac{c}{a+b+d}}+\sqrt{\frac{d}{a+b+c}}>2$$

6.7. $a>0,\ b>0,\ c>0,\ d>0$에 대해,

$$\sqrt[3]{\frac{abc+abd+acd+bcd}{4}}\le\sqrt{\frac{ab+ac+ad+bc+bd+cd}{6}}$$

6.8. $a>0,\ b>0,\ c>0$에 대해, $2\sqrt{ab+bc+ac}\le\sqrt{3}\sqrt[3]{(b+c)(c+a)(a+b)}$

6.9. $x>0,\ y>0,\ z>0$ 에 대해,

$$8\left(x^3+y^3+z^3\right)^2 \geq 9\left(x^2+yz\right)\left(y^2+xz\right)\left(z^2+xy\right)$$

6.10. (a) $a\geq 0, b\geq 0, c\geq 0$, $a+b+c=1$ 에 대해, $4a^3+4b^3+4c^3+15abc\geq 1$

(b) $a\geq 0, b\geq 0, c\geq 0$, $a+b+c=1$ 에 대해,

$$a^3+b^3+c^3+abcd\geq \min\left(\frac{1}{4},\frac{1}{9}+\frac{d}{27}\right)$$

6.11. $n\geq 2,\ \ a_i>0,\ \ i=1,\ldots,n$ 에 대해,

$$\frac{a_1+\ldots+a_n}{n}\geq \frac{1}{n}\sqrt{\frac{a_1^2+\ldots+a_n^2}{n}}+\left(1-\frac{1}{n}\right)\sqrt[n]{a_1\cdot\ldots\cdot a_n}$$

6.12. $a\geq 0, b\geq 0, c\geq 0,\ d\geq 0$ 에 대해,

$$a^4+b^4+c^4+d^4+2abcd\geq a^2b^2+a^2c^2+a^2d^2+b^2c^2+b^2d^2+c^2d^2$$

6.13. $a_i>0, b_i>0,\ \ i=1,\ldots,n$ 에 대해,

$$(a_1{}^2+\ldots+a_n{}^2)^3=b_1{}^2+\ldots+b_n{}^2.\ \frac{a_1{}^3}{b_1}+\ldots+\frac{a_n{}^3}{b_n}\geq 1$$

6.14. $a>0, b>0, c>0$ 에 대해, $\dfrac{a}{b}+\dfrac{b}{c}+\dfrac{c}{a}\geq \dfrac{a+c}{b+c}+\dfrac{b+a}{c+a}+\dfrac{c+b}{a+b}$

6.15. $n\geq 2,\ a_1>0,\ldots,\ a_n>0$, $\lambda\geq n^2-1$ 에 대해,

$$\sqrt{\frac{a_1{}^n}{a_1{}^n+\lambda a_1\cdot\ldots\cdot a_n}}+\ldots+\sqrt{\frac{a_n{}^n}{a_n{}^n+\lambda a_1\cdot\ldots\cdot a_n}}\geq \frac{n}{\sqrt{1+\lambda}}$$

6.16. $k \in N,\ k \geq 2,\ a_1 > 0, \ldots, a_n > 0$ 에 대해,

$$(\sqrt[k]{2}-1)(a_1+\ldots+a_n) < \sqrt[k]{2a_1^{\ k}+\ldots+2^n a_n^{\ k}}$$

6.17. $x>0,\ y>0,\ z>0$ 에 대해,

$$3(x^2y+y^2z+z^2x)(xy^2+yz^2+zx^2) \geq xyz(x+y+z)^3$$

6.18. $x_1 \leq \ldots \leq x_n \leq y_1 \leq \ldots \leq y_n$ 에 대해,

$$(x_1+\ldots+x_n+y_1+\ldots+y_n)^2 \geq 4n(x_1y_1+\ldots+x_ny_n)$$

○ 증명

6.1. 일반성을 잃지 않고 $a \leq b \leq c$ 라고 할 수 있다. 주어진 부등식과 다음 부등식이 동치라는 것을 생각하면 된다.

$$(b-c)^2(b+c-a) \geq a(a-b)(c-a)$$

마지막 부등식은 $(b-c)^2(b+c-a) \geq 0 \geq a(a-b)(c-a)$ 에 의해 얻어진다.

6.2. 만약 $a_1^2+\ldots+a_n^2 \neq 0$, $b_1^2+\ldots+b_n^2 \neq 0$ 이면, 일반성을 잃지 않고 다음과 같이 놓을 수 있다.

$$a_1^2+\ldots+a_n^2=1,\quad b_1^2+\ldots+b_n^2=1$$

$-\dfrac{a_i^2+b_i^2}{2} \leq a_ib_i \leq \dfrac{a_i^2+b_i^2}{2},\quad i=1,\ldots,n$ 이 성립한다. 이 부등식들을 더하면

$-1 \leq a_1b_1+\ldots+a_nb_n \leq 1$ 이 얻어진다. 이로부터 다음이 얻어진다.

$$\left(a_1b_1+\ldots+a_nb_n\right)^2 \le 1=\left(a_1^2+\ldots+a_n^2\right)\left(b_1^2+\ldots+b_n^2\right)$$

만약 $a_1^2+\ldots+a_n^2=0$ 또는 $b_1^2+\ldots+b_n^2=0$ 이면 증명은 자명하다.

6.3. 일반성을 잃지 않고 $a^{n+1}+b^{n+1}=1$ 이라 할 수 있다. 결국 $0<a<1,\ 0<b<1,\ a^i+b^i \ge a^{n+1}+b^{n+1}=1,\quad i=1,\ldots,n$ 이다. 마지막 식으로부터 다음을 얻을 수 있다.

$$(a+b)^2\cdot\ldots\cdot\left(a^n+b^n\right)^2 \ge 1=\left(a^{n+1}+b^{n+1}\right)^n$$

6.4. 일반성을 잃지 않고 $a_1^\beta+\ldots+a_n^\beta=1$ 이라 할 수 있다. 이로부터 $0<a_i\le 1,\ i=1,\ldots,n$ 이 된다. 조건 $\alpha>\beta$ 로부터 $a_i^\alpha \le a_i^\beta,\ i=1,\ldots,n$ 이 얻어진다. 결국 $a_1^\alpha+\ldots+a_n^\alpha<a_1^\beta+\ldots+a_n^\beta=1$ 이며, 다음이 성립한다.

$$\left(a_1^\alpha+\ldots+a_n^\alpha\right)^\beta \le 1=\left(a_1^\beta+\ldots+a_n^\beta\right)^\alpha$$

6.5. 일반성을 잃지 않고 $a+b+c=1$ 이라 할 수 있다. 만약 $0<x<1$ 이면, $\frac{x}{1-x}\ge\frac{9x-1}{4}$ 을 생각하자. 결국

$$\frac{a}{b+c}+\frac{b}{c+a}+\frac{c}{a+b}=\frac{a}{1-a}+\frac{b}{1-b}+\frac{c}{1-c}\ge\frac{9a-1}{4}+\frac{9b-1}{4}+\frac{9c-1}{4}=\frac{3}{2}$$ 이다.

6.6. 일반성을 잃지 않고 $a+b+c+d=1$ 이라 할 수 있다. 다음이 성립한다.

$$\sqrt{\frac{a}{b+c+d}}+\sqrt{\frac{b}{a+c+d}}+\sqrt{\frac{c}{a+b+d}}+\sqrt{\frac{d}{a+b+c}}$$

$$=\sqrt{\frac{a}{1-a}}+\sqrt{\frac{b}{1-b}}+\sqrt{\frac{c}{1-c}}+\sqrt{\frac{d}{1-d}}>2a+2b+2c+2d=2$$

6.7. 일반성을 잃지 않고 $d=1$이라 할 수 있다. 연습문제 2.1과 2.2의 부등식을 이용하면, 다음을 얻을 수 있다.

$$\sqrt[3]{\frac{abc+ab+bc+ac}{4}} \le \sqrt[3]{\frac{\sqrt{\left(\frac{ab+bc+ac}{3}\right)^3}+ab+bc+ac}{4}}=A$$

$$\sqrt{\frac{ab+bc+ac+a+b+c}{6}} \ge \sqrt{\frac{ab+bc+ac+\sqrt{3(ab+bc+ac)}}{6}}=B$$

이제 $B\ge A$를 증명하자. $t>0$에 대해 $ab+bc+ac=3t^2$을 증명하자. 이 경우에 어렵지 않게 부등식 $B\ge A$가 $(t-1)^2(t+2)\ge 0$과 동치라는 것을 알 수 있다.

6.8. 일반성을 잃지 않고, 다음과 같이 놓을 수 있다.

$$ab+bc+ac=1 \tag{6.2}$$

부등식 $(b+c)(a+b)(a+c)\ge \frac{8}{3\sqrt{3}}$을 증명하면 된다. $\alpha,\beta,\gamma\in\left(0;\frac{\pi}{2}\right)$에 대해 $a=\tan\alpha$, $b=\tan\beta$, $c=\tan\gamma$라 하자. 조건 (6.2)로부터 $\alpha+\beta+\gamma=\frac{\pi}{2}$를 얻을 수 있고, 결국 다음이 성립한다.

$$(b+c)(a+b)(a+c)=\frac{1}{\cos\alpha\cos\beta\cos\gamma}$$

이제 $\alpha,\beta,\gamma\in\left(0;\frac{\pi}{2}\right)$, $\alpha+\beta+\gamma=\frac{\pi}{2}$일 때에 $\cos\alpha\cos\beta\cos\gamma\le\frac{3\sqrt{3}}{8}$을 증명하면 된다. 곱 $\cos\alpha\cos\beta\cos\gamma$를 살펴보자.

$$\cos\alpha\cos\beta\cos\gamma=\frac{1}{2}\left(\cos(\alpha+\beta)+\cos(\alpha-\beta)\right)\cos\gamma\le\frac{1}{2}(1+\sin\gamma)\cos\gamma$$

$$=\frac{1}{2}\sqrt{(1+\sin\gamma)^3(1-\sin\gamma)}=\frac{1}{2\sqrt{3}}\sqrt{(1+\sin\gamma)^3(3-3\sin\gamma)}$$

$$\le\frac{1}{2\sqrt{3}}\left(\frac{1+\sin\gamma+1+\sin\gamma+1+\sin\gamma+3-3\sin\gamma}{4}\right)^2=\frac{3\sqrt{3}}{8}$$

6.9. 일반성을 잃지 않고 다음과 같이 놓을 수 있다.

$$x^3+y^3+z^3=1 \tag{6.3}$$

이 경우에 다음이 성립한다.

$A=(x^2+yz)(y^2+xz)(z^2+xy)=2(xyz)^2+xyz+x^3y^3+y^3z^3+z^3x^3$

$x^3+y^3+z^3=1$ 이므로, $xyz\le\frac{1}{3}$, $x^3y^3+y^3z^3+z^3x^3\le\frac{(x^3+y^3+z^3)^2}{3}=\frac{1}{3}$

이다. 결국 $A\le\frac{2}{9}+\frac{1}{3}+\frac{1}{3}=\frac{8}{9}$ 이다.

6.10. (a) 부등식 $4a^3+4b^3+4c^3+15abc\ge(a+b+c)^3$ 에서 우변의 괄호를 연후에 정리하면 동치인 다음 부등식을 얻을 수 있다는 것을 증명하자.

$a^3+b^3+c^3+3abc\ge a^2b+a^2c+b^2a+b^2c+c^2a+c^2b$

마지막 부등식은 이미 예제 6.1에서 증명하였다.

(b) 만약 $d\ge\frac{15}{4}$ 이면, 다음이 성립한다.

$a^3+b^3+c^3+abcd\ge a^3+b^3+c^3+\frac{15}{4}abc$

$=\frac{1}{4}(4a^3+4b^3+4c^3+15abc)\ge\frac{1}{4}$

만약 $d<\frac{15}{4}$ 이면, 연습문제 6.10 (a)와 부등식

$abc\le\left(\frac{a+b+c}{3}\right)^3=\frac{1}{27}$ 에 의해 다음이 성립한다.

$$27\left(a^3+b^3+c^3\right)-3\ge\frac{15}{4}\left(1-27abc\right)$$

이로부터 $27\left(a^3+b^3+c^3\right)-3\ge d\left(1-27abc\right)$ 또는

$a^3+b^3+c^3+abcd\ge\frac{1}{9}+\frac{d}{27}$ 이 얻어진다.

6.11. 일반성을 잃지 않고 $a_1a_2...a_n=1$ 이라 할 수 있다. 다음 부등식을 증명하면 된다.

$$\left(1-\frac{1}{n}\right)\left(a_1^2+...+a_n^2\right)-\frac{2}{\sqrt{n}}(n-1)\sqrt{a_1^2+...+a_n^2}+2a_1a_2+...$$

$$+2a_1a_{n-1}+2a_1a_n+...+2a_{n-1}a_n\ge(n-1)^2$$ 또는

$$(n-1)\left(\frac{1}{\sqrt{n}}\sqrt{a_1^2+...+a_n^2}-1\right)^2+2a_1a_2+...+2a_1a_{n-1}+2a_1a_n+...+2a_{n-1}a_n\ge n(n-1)$$

마지막 부등식은 연습문제 4.1의 부등식을 이용하여 증명할 수 있다.

$$a_1a_2+a_1a_3+...+a_1a_{n-1}+a_1a_n+...+a_{n-1}a_n\ge C_n^2\sqrt[C_n^2]{\left(a_1a_2...a_n\right)^{n-1}}=C_n^2$$

6.12. 일반성을 잃지 않고 $a\ge b\ge c\ge d\ge 0$ 이라 할 수 있다. 다음이 성립한다.

$$A=a^4+b^4+c^4+d^4+2abcd-a^2b^2-a^2c^2-a^2d^2-b^2c^2-b^2d^2-c^2d^2$$
$$=(a^2-b^2)(a^2-c^2-d^2)+2bcd(a-b)+(b^2+cd-c^2-d^2)^2+2cd(c-d)^2$$

$$=(a-b)\left(a(a^2-d^2)-b(c-d)^2\right)+a(a-b)(ab-c^2)$$

$$+(b^2+cd-c^2-d^2)^2+2cd(c-d)^2$$

$a-b\geq 0$, $a(a^2-d^2)\geq b(a-d)^2\geq b(c-d)^2$, $ab\geq c^2$ 이다. 결국 $A\geq 0$ 이다.

6.13. $\sqrt[3]{b_i}=c_i, i=1,\ldots,n$ 이라 하자. 그러면 $c_1^{\ 6}+\ldots+c_n^{\ 6}=(a_1^{\ 2}+\ldots+a_n^{\ 2})^3$ 이며, $\frac{a_1^{\ 3}}{c_1^{\ 3}}+\ldots+\frac{a_n^{\ 3}}{c_n^{\ 3}}\geq 1$ 을 증명하면 된다. 일반성을 잃지 않고 $a_1^{\ 2}+\ldots+a_n^{\ 2}=1$ 이라 놓을 수 있다. 그러면 $c_1^{\ 6}+\ldots+c_n^{\ 6}=1$ 이다.

8장의 부등식 (8.4)에 의해, 다음이 성립한다.

$$\frac{a_1^{\ 3}}{c_1^{\ 3}}+\ldots+\frac{a_n^{\ 3}}{c_n^{\ 3}}=\frac{a_1^{\ 4}}{a_1c_1^{\ 3}}+\ldots+\frac{a_n^{\ 4}}{a_nc_n^{\ 3}}\geq\frac{(a_1^{\ 2}+\ldots+a_n^{\ 2})^2}{a_1c_1^{\ 3}+\ldots+a_nc_n^{\ 3}}=\frac{1}{a_1c_1^{\ 3}+\ldots+a_nc_n^{\ 3}}\geq 1$$

그리고 4장의 부등식 (4.2)에 의해,

$1=(a_1^{\ 2}+\ldots+a_n^{\ 2})(c_1^{\ 6}+\ldots+c_n^{\ 6})\geq(a_1c_1^{\ 3}+\ldots+a_nc_n^{\ 3})^2$ 이다. 결국 $1\geq a_1c_1^{\ 3}+\ldots+a_nc_n^{\ 3}$ 이며, $\frac{a_1^{\ 3}}{c_1^{\ 3}}+\ldots+\frac{a_n^{\ 3}}{c_n^{\ 3}}\geq 1$ 이다.

6.14. 일반성을 잃지 않고 $\max(a,b,c)=a$ 라 할 수 있다. 그러면 $a\geq b\geq c$ 또는 $a\geq c\geq b$ 이다.

$a\geq b\geq c$ 인 경우에 다음이 성립한다.

$$\frac{a}{b}+\frac{b}{c}+\frac{c}{a}-\frac{a+c}{b+c}-\frac{b+a}{c+a}-\frac{c+b}{a+b}=\frac{c(a-b)}{b(b+c)}+\frac{a(b-c)}{c(a+c)}-\frac{b(a-c)}{a(b+a)}$$

$$\geq \frac{c(a-b)}{a(b+a)} + \frac{a(b-c)}{a(a+b)} - \frac{b(a-c)}{a(b+a)} = 0$$

즉 $\frac{a}{b}+\frac{b}{c}+\frac{c}{a} \geq \frac{a+c}{b+c}+\frac{b+a}{c+a}+\frac{c+b}{a+b}$ 이다.

$a \geq c \geq b$ 인 경우에 다음이 성립한다.

$$\frac{a}{b}+\frac{b}{c}+\frac{c}{a}-\frac{a+c}{b+c}-\frac{b+a}{c+a}-\frac{c+b}{a+b} = \frac{c(a-b)}{b(b+c)} - \frac{a(c-b)}{c(a+c)} - \frac{b(a-c)}{a(b+a)}$$

$$\geq \frac{c(a-b)}{b(b+c)} - \frac{a(c-b)}{b(b+c)} - \frac{b(a-c)}{b(b+c)} = 0$$

즉 $\frac{a}{b}+\frac{b}{c}+\frac{c}{a} \geq \frac{a+c}{b+c}+\frac{b+a}{c+a}+\frac{c+b}{a+b}$ 이다.

6.15. 일반성을 잃지 않고 $a_1 \cdot \ldots \cdot a_n = 1$ 이라 할 수 있다. 그러면 부등식의 좌변은 다음과 같다.

$$\sqrt{\frac{a_1^n}{a_1^n+\lambda}} + \ldots + \sqrt{\frac{a_n^n}{a_n^n+\lambda}}$$

코시-분야코프스키 부등식과 8장의 부등식 (8.4)에 의해 다음이 성립한다.

$$\sqrt{\frac{a_1^n}{a_1^n+\lambda}} + \ldots + \sqrt{\frac{a_n^n}{a_n^n+\lambda}} = \frac{\left(a_1^{\frac{n}{2}}\right)^2}{\sqrt{a_1^{\frac{n}{2}}(a_1^n+\lambda)}} + \ldots + \frac{\left(a_n^{\frac{n}{2}}\right)^2}{\sqrt{a_n^{\frac{n}{2}}(a_n^n+\lambda)}}$$

$$\geq \frac{\left(a_1^{\frac{n}{2}} + \ldots + a_n^{\frac{n}{2}}\right)^2}{\sqrt{a_1^{\frac{n}{2}}(a_1^n+\lambda)} + \ldots + \sqrt{a_n^{\frac{n}{2}}(a_n^n+\lambda)}} \geq \frac{\left(a_1^{\frac{n}{2}} + \ldots + a_n^{\frac{n}{2}}\right)^2}{\sqrt{(a_1^{\frac{n}{2}} + \ldots + a_n^{\frac{n}{2}})(a_1^n + \ldots + a_n^n + n\lambda)}}$$

부등식의 증명을 완성하기 위해, 다음을 증명하면 된다.

$$(1+\lambda)(b_1+\ldots+b_n)^3 \ge n^2(b_1^{\ 3}+\ldots+b_n^{\ 3})+n^3\lambda$$

이때 $b_i = a_i^{\frac{n}{3}} > 0,\quad i=1,\ldots,n$, $b_1\cdot\ldots\cdot b_n = 1$이다. 이제 다음을 생각한다.

$$(b_1+\ldots+b_n)^3 = (b_1^{\ 2}+\ldots+b_n^{\ 2}+2b_1b_2+\ldots+2b_1b_n+\ldots+2b_{n-1}b_n)(b_1+\ldots+b_n)$$

$$\begin{aligned}
&\ge (b_1^{\ 2}+\ldots+b_n^{\ 2}+n(n-1)\left((b_1\cdot\ldots\cdot b_n)^{n-1}\right)^{\frac{2}{n(n-1)}})(b_1+\ldots+b_n)\\
&= (b_1^{\ 2}+\ldots+b_n^{\ 2}+n(n-1))(b_1+\ldots+b_n)\\
&\ge b_1^{\ 3}+\ldots+b_n^{\ 3}+b_1^{\ 2}b_2+\ldots+b_1^{\ 2}b_n+\ldots+b_{n-1}^{\ \ 2}b_n+n^2(n-1)\\
&\ge b_1^{\ 3}+\ldots+b_n^{\ 3}+n(n-1)+n^2(n-1)\\
&= b_1^{\ 3}+\ldots+b_n^{\ 3}+n^3-n
\end{aligned}$$

즉 $(b_1+\ldots+b_n)^3 \ge b_1^{\ 3}+\ldots+b_n^{\ 3}+n^3-n$ 이며, 이로부터 다음이 얻어진다.

$$\begin{aligned}
&(1+\lambda)(b_1+\ldots+b_n)^3 - n^2(b_1^{\ 3}+\ldots+b_n^{\ 3})-n^3\lambda\\
&\ge (1+\lambda)(b_1^{\ 3}+\ldots+b_n^{\ 3}+n^3-n)-n^2(b_1^{\ 3}+\ldots+b_n^{\ 3})-n^3\lambda\\
&\ge (\lambda-(n^2-1))(b_1^{\ 3}+\ldots+b_n^{\ 3})+(1+\lambda)(n^3-n)-n^3\lambda\\
&\ge (\lambda-(n^2-1))n+(1+\lambda)(n^3-n)-n^3\lambda = 0
\end{aligned}$$

결국 $(1+\lambda)(b_1+\ldots+b_n)^3 \ge n^2(b_1^{\ 3}+\ldots+b_n^{\ 3})+n^3\lambda$ 이다.

6.16. 일반성을 잃지 않고 $2a_1^{\ k}+\ldots+2^n a_n^{\ k}=1$이라 할 수 있다. 이로부터 $2^i a_i^{\ k} < 1$이다.

결국 $a_1+\ldots+a_n < \frac{1}{\sqrt[k]{2}}+\ldots+\left(\frac{1}{\sqrt[k]{2}}\right)^n < \frac{1}{\sqrt[k]{2}}+\ldots+\left(\frac{1}{\sqrt[k]{2}}\right)^n+\ldots = \frac{1}{\sqrt[k]{2}-1}$이며, 다음이 성립한다.

$$(\sqrt[k]{2}-1)(a_1+\ldots+a_n) < 1 = \sqrt[k]{2a_1^{\ k}+\ldots+2^n a_n^{\ k}}$$

6.17. 6장의 예제 6.2에 의해 다음이 성립한다.

$3(x^2y+y^2z+z^2x)(xy^2+yz^2+zx^2) \ge xyz(x+y+z)^3$,

$$3(x^2y+y^2z+z^2x)(xy^2+yz^2+zx^2)$$

$$=(1^3+1^3+1^3)\left(\left(\sqrt[3]{x^2y}\right)^3+\left(\sqrt[3]{y^2z}\right)^3+\left(\sqrt[3]{z^2x}\right)^3\right)$$

$$\times\left(\left(\sqrt[3]{zx^2}\right)^3+\left(\sqrt[3]{xy^2}\right)^3+\left(\sqrt[3]{yz^2}\right)^3\right) \ge \left(\sqrt[3]{xyz}(x+y+z)\right)^3 = xyz(x+y+z)^3$$

즉 $3(x^2y+y^2z+z^2x)(xy^2+yz^2+zx^2) \ge xyz(x+y+z)^3$ 이다.

6.18. 임의의 수 x에 대해 수 $x_1, \dots, x_n, y_1, \dots, y_n$를 수 $x_1+x, \dots, x_n+x, y_1+x, \dots, y_n+x$로 바꾸면, 동치인 부등식을 얻게 된다. 이제 수 x를 다음과 같이 잡을 수 있다.

$$x_1+x+\dots+x_n+x+y_1+x+\dots+y_n+x=0$$

결국 일반성을 잃지 않고 $x_1+\dots+x_n+y_1+\dots+y_n=0$이라 할 수 있다. 이제 주어진 부등식은 다음 부등식과 동치라는 것을 생각하면 된다.

$$x_1y_1+\dots+x_ny_n \le 0 \tag{6.4}$$

만약 $x_1 \le \dots \le x_n \le 0 \le y_1 \le \dots \le y_n$이면, $x_1y_1 \le 0, \dots, x_ny_n \le 0$, 즉 (6.4)는 성립한다.

이제 $x_1 \le \dots \le x_k \le 0 \le x_{k+1} \le \dots \le x_n \le y_1 \le \dots \le y_n$인 경우에 부등식 (6.4)를 증명하면 된다(그러한 수 k는 존재한다. 그렇지 않은 경우에는 수 $x_1, \dots, x_n$, $y_1, \dots, y_n$을 수 $-y_n, \dots, -y_1, -x_n, \dots, -x_1$으로 바꿀 것이다).

그러면 다음이 성립한다.

$$
\begin{aligned}
&x_1y_1+\ldots+x_ny_n\\
&=y_1(x_1-x_n)+\ldots+y_k(x_k-x_n)+x_{k+1}y_{k+1}+\ldots+x_{n-1}y_{n-1}\\
&+x_n(-x_1-\ldots-x_n-y_{k+1}-\ldots-y_{n-1})\\
&\le x_n(x_1-x_n)+\ldots+x_n(x_k-x_n)+x_{k+1}y_{k+1}+\ldots+x_{n-1}y_{n-1}\\
&+x_n(-x_1-\ldots-x_n-y_{k+1}-\ldots-y_{n-1})\\
&=-kx_n^{\ 2}-x_n(x_{k+1}+\ldots+x_n)+y_{k+1}(x_{k+1}-x_n)+\ldots+y_{n-1}(x_{n-1}-x_n)\le 0
\end{aligned}
$$

즉 $x_1y_1+\ldots+x_ny_n\le 0$ 이다.

○ 내 힘으로 해결하기

다음 부등식을 증명하여라.

1. $0<x<y<z$ 에 대해, $\dfrac{\ln z-\ln y}{z-y}<\dfrac{\ln z-\ln x}{z-x}<\dfrac{\ln y-\ln x}{y-x}$

2. $0<a\le b\le c\le d$ 에 대해, $a^b b^c c^d d^a \ge b^a c^b d^c a^d$

3. $n\ge 2,\ \ S=x_1+\ldots+x_n,\ \ x_1>0,\ \ldots,\ x_n>0$ 에 대해,

$$\frac{x_1}{S-x_1}+\ldots+\frac{x_n}{S-x_n}\ge\frac{n}{n-1}$$

4. $a\ge 0,\ b\ge 0,\ c\ge 0$ 에 대해, $a^3+b^3+c^3+6abc\ge\dfrac{1}{4}(a+b+c)^3$

5. a, b, c 가 어떤 삼각형의 변의 길이라 할 때,

$$a^2(2b+2c-a)+b^2(2a+2c-b)+c^2(2a+2b-c)\ge 9abc$$

6. (a) $n \ge 2,\ \ a_i > 0, b_i > 0,\ \ i = 1,\dots,n$ 에 대해,

$$\sqrt[n]{a_1 \cdot \dots \cdot a_n} + \sqrt[n]{b_1 \cdot \dots \cdot b_n} \le \sqrt[n]{(a_1 + b_1) \cdot \dots \cdot (a_n + b_n)}$$

(b) $n \ge 2,\ n \in N$ 에 대해, $\sqrt[n]{(n+1)!} - \sqrt[n]{n!} \ge 1$

(c) $n \ge 2,\ n \in N,\ \ F_1 = 1,\ F_2 = 2,\ \ F_{k+2} = F_{k+1} + F_k,\ \ k = 1, 2, \dots$ 에 대해,

$$\sqrt[n]{F_{n+1}} > 1 + \frac{1}{\sqrt[n]{F_n}}$$

(d) $n = 2, 3, \dots$ 에 대해, $\sqrt[n]{C^n_{2n+1}} > 2\left(1 + \frac{1}{\sqrt[n]{n+1}}\right)$

(e) $n \ge 2,\ n \in N,\ \ a_1 > 0, \dots, a_n > 0,\ \ a_1 \cdot \dots \cdot a_n = 1$ 에 대해,

$$(1 + a_1) \cdot \dots \cdot (n + a_n) \ge n^{\frac{n}{2}}$$

(f) $n \ge 2,\ \ n \in N,\ \ b_i > 0,\ a_i > c_i > 0,\ \ i = 1,\dots,n$ 에 대해,

$$\sqrt[n]{\frac{(a_1 + b_1) \cdot \dots \cdot (a_n + b_n)}{(a_1 - c_1) \cdot \dots \cdot (a_n - c_n)}} \ge \frac{\sqrt[n]{a_1 \cdot \dots \cdot a_n} + \sqrt[n]{b_1 \cdot \dots \cdot b_n}}{\sqrt[n]{a_1 \cdot \dots \cdot a_n} - \sqrt[n]{c_1 \cdot \dots \cdot c_n}}$$

참고. $\dfrac{\sqrt[n]{(a_1 + b_1) \cdot \dots \cdot (a_n + b_n)}}{\sqrt[n]{a_1 \cdot \dots \cdot a_n} + \sqrt[n]{b_1 \cdot \dots \cdot b_n}} \ge 1 \ge \dfrac{\sqrt[n]{(a_1 - c_1) \cdot \dots \cdot (a_n - c_n)}}{\sqrt[n]{a_1 \cdot \dots \cdot a_n} - \sqrt[n]{c_1 \cdot \dots \cdot c_n}}$ 을 증명하여라.

(g) $a > 0,\ b > 0,\ c > 0,\ d > 0$ 에 대해, $\sqrt[3]{ab} + \sqrt[3]{cd} \le \sqrt[3]{(a + c + d)(a + c + b)}$

참고. 다음을 생각하자.

$$\sqrt[3]{a\sqrt{b}\sqrt{b}} + \sqrt[3]{c\sqrt{d}\sqrt{d}} \le \sqrt[3]{(a+c)(\sqrt{b} + \sqrt{d})^2} \le .$$

$$\sqrt[3]{(a+c)(b+d) + 2(a+c)\sqrt{bd}} \le \sqrt[3]{(a+c)(b+d) + (a+c)^2 + bd}$$

7. $x^2(x^2-1)^2+y^2(y^2-1)^2 \ge (x^2-1)(y^2-1)(x^2+y^2-1)$

8. $x^2(x-1)^2+y^2(y-1)^2+z^2(z-1)^2 \ge 2xyz(2-x-y-z)$

참고. 다음을 증명하여라.

$$x^2(x-1)^2+y^2(y-1)^2+z^2(z-1)^2-2xyz(2-x-y-z)=x^2(x-1)^2+$$
$$+(y(y-1)-z(z-1))^2+2xyz(x+y-1)(x+z-1)$$

9. $(x_1-x_2)(x_1-x_3)(x_1-x_4)(x_1-x_5)+(x_2-x_1)(x_2-x_3)(x_2-x_4)(x_2-x_5)+\dots$
$+(x_5-x_1)(x_5-x_2)(x_5-x_3)(x_5-x_4)\ge 0$

10. $a\ge 0, b\ge 0, c\ge 0$, $a^2+b^2+c^2+abc=4$ 에 대해,
$0\le ab+bc+ca-abc\le 2$

참고. $\min(a,b,c)\le 1$ 이며, 일반성을 잃지 않고 $(a-1)(b-1)\ge 0$ 이라 놓을 수 있다는 것을 생각하자.

11. $x,y,z>0$ 일 때에
$x^\lambda(x-y)(x-z)+y^\lambda(y-z)(y-x)+z^\lambda(z-x)(z-y)\ge 0$

참고. $x\ge y\ge z$ 라 하자. 그러면 $\lambda\ge 0$ 이면, 다음이 성립한다.

$$x^\lambda(x-y)(x-z)+y^\lambda(y-z)(y-x)+z^\lambda(z-x)(z-y)$$
$$=(x-y)(x^\lambda(x-z)-y^\lambda(y-z))+z^\lambda(z-x)(z-y)\ge 0$$

그리고 $\lambda<0$ 이면, 다음이 성립한다.

$$x^\lambda(x-y)(x-z)+y^\lambda(y-z)(y-x)+z^\lambda(z-x)(z-y)=x^\lambda(x-y)(x-z)+$$
$$+(y-z)(z^\lambda(x-z)-y^\lambda(x-y))\ge 0$$

12. $a>0,\ b>0,\ c>0$ 에 대해, $\sqrt[3]{\left(\frac{a}{b+c}\right)^2}+\sqrt[3]{\left(\frac{b}{a+c}\right)^2}+\sqrt[3]{\left(\frac{c}{a+b}\right)^2}\ge\frac{3}{\sqrt[3]{4}}$

13. $a>0,\ b>0,\ c>0$ 에 대해,

$(a^5-a^2+3)(b^5-b^2+3)(c^5-c^2+3)\ge(a+b+c)^3$

참고. $a^5-a^2+3=a^2(a^3-1)+3\ge1\cdot(a^3-1)+3=a^3+1^3+1^3$ 을 생각하자.

07
수학적 귀납법의 사용

여기서는 수학적 귀납법을 이용하여 부등식을 증명하는 방법을 살펴보자.

수학적 귀납법을 사용한 증명 방법은 다음과 같이 정리할 수 있다.

명제가 $n=p$ 인 경우에 성립한다는 것을 보인다.

임의의 $n=k \ (k \geq p)$ 에 대해 명제가 성립한다고 가정하고, 이로부터 $n=k+1$ 에 대해 명제가 성립한다는 것을 유도한다.

이로부터 명제는 p 보다 작지 않은 모든 자연수 n 에 대해 성립한다는 것이 증명된다.

예제

7.1. $n>1$, $n \in N$ 에 대해, 부등식 $\frac{1}{2n+1}+\frac{1}{2n+2}+\ldots+\frac{1}{2n+n} \geq \frac{11}{30}$ 을 증명하여라.

증명. $n=2$ 인 경우에 $\frac{11}{30} \geq \frac{11}{30}$ 이 성립한다.

$n=k$ 인 경우에 주어진 부등식이 성립한다고 가정하자. 즉 다음을 가정하자.

$$\frac{1}{2k+1}+\frac{1}{2k+2}+\ldots+\frac{1}{2k+k}\geq\frac{11}{30} \qquad (7.1)$$

주어진 부등식이 $n=k+1$ 인 경우에 대해 성립한다는 것을 보이자.

$n=k+1$ 일 때에 부등식은

$$\frac{1}{2(k+1)+1}+\frac{1}{2(k+1)+2}+\ldots+\frac{1}{2(k+1)+(k+1)}\geq\frac{11}{30}$$ 이다.

(7.1)의 양변에 식 $\frac{1}{3k+1}+\frac{1}{3k+2}+\frac{1}{3k+3}-\frac{1}{2k+1}-\frac{1}{2k+2}$ 을 더하면,

다음이 얻어진다.

$$\frac{1}{2k+3}+\ldots+\frac{1}{3k+3}\geq\frac{11}{30}+\frac{1}{3k+1}+\frac{1}{3k+2}+\frac{1}{3k+3}-\frac{1}{2k+1}-\frac{1}{2k+2}$$

$\frac{1}{3k+1}+\frac{1}{3k+2}+\frac{1}{3k+3}-\frac{1}{2k+1}-\frac{1}{2k+2}>0$ 이므로(연습문제 1.19),

$\frac{1}{2k+3}+\ldots+\frac{1}{3k+3}\geq\frac{11}{30}$ 이 된다.

이와 같이, 수학적 귀납법의 모든 조건이 충족되었다. 결국 주어진 부등식은 모든 자연수 n $(n>1)$에 대해 성립한다.

예제

7.2. $n=3,4,\ldots$ 에 대해, 다음 부등식을 증명하여라.

$$\frac{1}{2^2}+\ldots+\frac{1}{n^2}<1 \qquad (7.2)$$

증명. 이 부등식은 예제 7.1과 유사한 방법으로는 증명되지 않는다. 이 부등식이나 몇몇 다른 부등식의 증명에서는 수학적 귀납법을 제3의 다른 부등식(좀 더 축소되거나 넓은 부등식에, 즉 이로부터 증명하려는 부등식의 타당성이 유도되는)에 사용하는 것이 유익할 수 있다. 주어진 부등식의 증명을 위해, 다음 부등식을 증명하자.

$$\frac{1}{2^2}+\ldots+\frac{1}{n^2}<1-\frac{1}{n} \tag{7.3}$$

이 부등식으로부터 부등식 (7.2)의 타당성이 유도된다.

$n=3$ 일 때에 부등식 $\frac{1}{2^2}+\frac{1}{3^2}<1-\frac{1}{3}$ 이 얻어지며, 이 부등식은 성립한다.

$n=k \quad (k \geq 3)$ 일 때 부등식 (7.3)이 성립한다고 가정하고, $n=k+1$ 인 경우에 부등식의 타당성을 보이자. $n=k$ 일 때에 부등식

$\frac{1}{2^2}+\ldots+\frac{1}{k^2}<1-\frac{1}{k}$ 이 있다. 이 부등식의 양변에 $\frac{1}{(k+1)^2}$ 을 더하면, 부등식

$\frac{1}{2^2}+\ldots+\frac{1}{k^2}+\frac{1}{(k+1)^2}<1-\frac{1}{k}+\frac{1}{(k+1)^2}$ 이 얻어진다.

$1-\frac{1}{k}+\frac{1}{(k+1)^2}<1-\frac{1}{k+1}$ 이므로, $\frac{1}{2^2}+\ldots+\frac{1}{k^2}+\frac{1}{(k+1)^2}<1-\frac{1}{k+1}$ 이

성립한다. 이 부등식은 증명하려는 부등식의 $n=k+1$ 인 경우에 해당한다.
결국 주어진 부등식은 3보다 작지 않은 모든 자연수 n 에 대해 성립한다.

부등식의 증명에서 수학적 귀납법이 다음과 같이 약간 다른 형태로 사용되는 경우가 있다.

(a) $n_1, \ldots, n_k, \ldots (n_1<\ldots<n_k<\ldots)$과 같은 자연수 n 값에 대해 주어진 부등식의 타당성이 증명된다.

(b) 임의의 $n=k \quad (k \geq 2)$ 에 대한 주어진 부등식의 타당성으로부터 $n=k-1$ 일 때 부등식의 타당성이 유도된다.

예제

7.3. $n \geq 2,\ 0<x_1 \leq \frac{1}{2}, \ldots, 0<x_n \leq \frac{1}{2}$ 에 대해, 다음 부등식을 증명하여라.

$$\frac{x_1\cdot\ldots\cdot x_n}{(x_1+\ldots+x_n)^n}\le\frac{(1-x_1)\cdot\ldots\cdot(1-x_n)}{((1-x_1)+\ldots+(1-x_n))^n}$$

증명. 우선 n 의 값 $2^1,\ldots,2^k,\ldots$에 대해 부등식의 타당성을 증명하자.

$n=2$ 일 때에 부등식 $\dfrac{x_1x_2}{(x_1+x_2)^2}\le\dfrac{(1-x_1)(1-x_2)}{((1-x_1)+(1-x_2))^2}$ 이 성립한다(연습문제 1.20).

$n=2^k$ $(k\in N)$에 대해 주어진 부등식이 성립한다고 가정하자. $n=2^{k+1}$ 일 때에 주어진 부등식의 타당성을 증명하자. 다음이 성립한다.

$$\frac{x_1\cdot\ldots\cdot x_{2p}}{(x_1+\ldots+x_{2p})^{2p}}$$

$$=\frac{x_1\cdot\ldots\cdot x_p}{(x_1+\ldots+x_p)^p}\cdot\frac{x_{p+1}\cdot\ldots\cdot x_{2p}}{(x_{p+1}+\ldots+x_{2p})^p}\cdot\frac{(x_1+\ldots+x_p)^p(x_{p+1}+\ldots+x_{2p})^p}{(x_1+\ldots+x_{2p})^{2p}}$$

$$\le\frac{(1-x_1)\cdot\ldots\cdot(1-x_p)}{((1-x_1)+\ldots+(1-x_p))^p}\cdot\frac{(1-x_{p+1})\cdot\ldots\cdot(1-x_{2p})}{((1-x_{p+1})+\ldots+(1-x_{2p}))^p}$$

$$\cdot\left(\frac{\left(\frac{x_1+\ldots+x_p}{p}\right)\left(\frac{x_{p+1}+\ldots+x_{2p}}{p}\right)}{\left(\frac{x_1+\ldots+x_p}{p}+\frac{x_{p+1}+\ldots+x_{2p}}{p}\right)^2}\right)^p$$

$$\le\frac{(1-x_1)\cdot\ldots\cdot(1-x_{2p})}{((1-x_1)+\ldots+(1-x_p))^p((1-x_{p+1})+\ldots+(1-x_{2p}))^p}$$

$$\times\left(\frac{\left(1-\frac{x_1+\ldots+x_p}{p}\right)\left(1-\frac{x_{p+1}+\ldots+x_{2p}}{p}\right)}{\left(\left(1-\frac{x_1+\ldots+x_p}{p}\right)+\left(1-\frac{x_{p+1}+\ldots+x_{2p}}{p}\right)\right)^2}\right)^p=\frac{(1-x_1)\ldots(1-x_{2p})}{\left((1-x_1)+\ldots+(1-x_{2p})\right)^{2p}}$$

이때 $p=2^k$ 이다. 이와 같이, 부등식

$\dfrac{x_1\cdot\ldots\cdot x_{2p}}{(x_1+\ldots+x_{2p})^{2p}}\le\dfrac{(1-x_1)\cdot\ldots\cdot(1-x_{2p})}{\left((1-x_1)+\ldots+(1-x_{2p})\right)^{2p}}$ 이 얻어진다.

결국 $n=2^{k+1}$ 인 경우에 주어진 부등식이 증명되었다.

이제, 주어진 부등식이 m에 대해 성립한다면, 이 부등식이 $m\ge 3$ $(m\in N)$ 인 $m-1$에 대해서도 성립한다는 것을 증명하자. 다음이 성립한다.

$$\frac{x_1\cdot\ldots\cdot x_m}{(x_1+\ldots+x_m)^m}\le\frac{(1-x_1)\cdot\ldots\cdot(1-x_m)}{\left((1-x_1)+\ldots+(1-x_m)\right)^m}$$

$x_m=\dfrac{x_1+\ldots+x_{m-1}}{m-1}$ 이라 하면 연습문제 1.10에 의해 $0<x_m\le\dfrac{1}{2}$ 이고, 다음이 얻어진다.

$$\frac{x_1\cdot\ldots\cdot x_{m-1}\cdot\frac{x_1+\ldots+x_{m-1}}{m-1}}{\left(x_1+\ldots+x_{m-1}+\frac{x_1+\ldots+x_{m-1}}{m-1}\right)^m}$$

$$\le\frac{(1-x_1)\cdot\ldots\cdot(1-x_{m-1})\cdot\left(1-\frac{x_1+\ldots+x_{m-1}}{m-1}\right)}{\left((1-x_1)+\ldots+(1-x_{m-1})+\left(1-\frac{x_1+\ldots+x_{m-1}}{m-1}\right)\right)^m}$$

이로부터, 다음이 증명된다.

$$\frac{x_1 \cdot \ldots \cdot x_{m-1}}{(x_1+\ldots+x_{m-1})^{m-1}} \le \frac{(1-x_1)\cdot \ldots \cdot (1-x_{m-1})}{((1-x_1)+\ldots+(1-x_{m-1}))^{m-1}}$$

연습문제

다음 부등식을 증명하여라(7.1-7.4, 7.6, 7.7, 7.10, 7.11, 7.13-7.20,7.24,7.25).

7.1. $n \in N$ 에 대해, $\frac{1}{2}\cdot \ldots \cdot \frac{2n-1}{2n} \le \frac{1}{\sqrt{3n+1}}$

7.2. (a) $a \ge 0$ 에 대해, $\underbrace{\sqrt{a+\sqrt{a+\ldots+\sqrt{a}}}}_{n} \le \frac{1+\sqrt{4a+1}}{2}$

(b) $n \ge 2,\ n \in N$ 에 대해, $\sqrt{2\sqrt{3\sqrt{4\ldots\sqrt{n}}}} < 3$

7.3. $x_1 \ge \ldots \ge x_n \ge 0$ 에 대해, $x_1^2+\ldots+(2n-1)x_n^2 \le (x_1+\ldots+x_n)^2$

7.4. (a) $|\sin(x_1+\ldots+x_n)| \le |\sin x_1|+\ldots+|\sin x_n|$

(b) $x_1,\ldots,x_n \in [0;\pi]$ 에 대해, $\sin(x_1+\ldots+x_n) \le \sin x_1+\ldots+\sin x_n$

(c) $x_1+x_2+x_3+x_4+x_5=0$ 에 대해,

$|\cos x_1|+|\cos x_2|+|\cos x_3|+|\cos x_4|+|\cos x_5| \ge 1$

7.5. 다음을 증명하여라.

(a) 함수 $f(x)$가 영역 $[0;a)$ (또는 $[0;+\infty)$) 에서 정의되고 이 영역의 임의의 $x \geq y \geq z$에 대해 $f(x)-f(y)+f(z) \geq f(x-y+z)$, $f(0) \leq 0$이면, 임의의 수 $a > x_1 \geq \ldots \geq x_n \geq 0$에 대해 다음 부등식이 성립한다.

$$f(x_1)-f(x_2)+\ldots+(-1)^{n-1} f(x_n) \geq f\left(x_1-x_2+\ldots+(-1)^{n-1} x_n\right)$$

(b) $\dfrac{\pi}{2} > x_1 \geq \ldots \geq x_n \geq 0$에 대해,

$$\tan x_1 - \tan x_2 + \ldots + (-1)^{n-1} \tan x_n \geq \tan\left(x_1 - x_2 + \ldots + (-1)^{n-1} x_n\right)$$

(c) $a_1 \geq \ldots \geq a_n \geq 0,\ \ r \geq 1$에 대해,

$$a_1^r - a_2^r + .. + (-1)^{n-1} a_n^r \geq \left(a_1 - a_2 + \ldots + (-1)^{n-1} a_n\right)^r$$

7.6. $x_1 > 0, \ldots, x_5 > 0$에 대해,

$$(x_1+\ldots+x_5)^2 \geq 4(x_1x_2+x_2x_3+x_3x_4+x_4x_5+x_5x_1)$$

7.7. $x_1 \geq 0, \ldots, x_n \geq 0$에 대해, $\dfrac{1}{2}(x_1+\ldots+x_n)^2 \leq (x_1+\ldots+nx_n)\cdot\max(x_1,\ldots,x_n)$

7.8. 11장의 정리 11.1을 증명하여라.

7.9. 11장의 정리 11.2를 증명하여라.

7.10. (a) $a_1 \geq \ldots \geq a_n \geq 1$ 에 대해, $a_1 + \ldots + a_n^n \leq na_1 \cdot \ldots \cdot a_n$

(b) $0 \leq a_1 \leq \ldots \leq a_n \leq 1$ 에 대해, $a_1 + \ldots + a_n^n \geq na_1 \cdot \ldots \cdot a_n$

7.11. (a) $a_1 > 0, \ldots, a_n > 0$ 에 대해 $\frac{a_2^2}{a_1} + \ldots + \frac{a_n^2}{a_{n-1}} \geq 4(a_n - a_1)$

(b) $a_i > 0, b_i > 0, c_i > 0, \ i = 1, \ldots, n$ 에 대해,

$$\frac{a_1^3}{b_1 c_1} + \ldots + \frac{a_n^3}{b_n c_n} \geq \frac{(a_1 + \ldots + a_n)^3}{(b_1 + \ldots + b_n)(c_1 + \ldots + c_n)}$$

7.12. 다음을 증명하여라.

(a) 함수 $f(x)$가 영역 I 에서 정의되고 볼록*이면,

$n \geq 2, \ x_1 < \ldots < x_n, \ x_1, \ldots, x_n \in I$ 에 대해,

$$(x_2 + x_1)(f(x_2) - f(x_1)) + \ldots + (x_n + x_{n-1})(f(x_n) - f(x_{n-1}))$$
$$\geq (x_n + x_1)(f(x_n) - f(x_1))$$

(b) $a \geq b \geq c \geq 0$ 에 대해, $a\sqrt{b} + b\sqrt{c} + c\sqrt{a} \geq a\sqrt{c} + b\sqrt{a} + c\sqrt{b}$

(c) $x_n \geq \ldots \geq x_1 > 0, \ n \geq 3$ 에 대해, $x_1^{x_2} \cdot x_2^{x_3} \cdot \ldots \cdot x_n^{x_1} \geq x_2^{x_1} \cdot x_3^{x_2} \cdot \ldots \cdot x_n^{x_{n-1}} \cdot x_1^{x_n}$

(d) $a \geq b \geq c > 0$ 에 대해,

$$\frac{a(c-b)}{(c+b)(2a+b+c)} + \frac{b(a-c)}{(a+c)(2b+a+c)} + \frac{c(b-a)}{(b+a)(2c+b+a)} \leq 0$$

---

* 11장을 참고하시오.

7.13. $n \ge 2,\ \dfrac{a_k + a_{k+2}}{2} \ge a_{k+1},\ \ k = 1, \dots, n-1$ 에 대해,

$$\frac{a_1 + \dots + a_{n-1}}{n-1} + \frac{a_1 + \dots + a_{n+1}}{n+1} \ge 2\frac{a_1 + \dots + a_n}{n}$$

7.14. (a) $a_k \ge \dfrac{a_{k-1} + a_{k+1}}{2},\ \ k = 1, 2, \dots, 2n-1,\ \ n \in N$ 에 대해,

$$\frac{a_1 + a_3 + \dots + a_{2n-1}}{n} \ge \frac{a_0 + a_2 + \dots + a_{2n}}{n+1}$$

(b) $a > 0,\ n \in N$ 에 대해, $\dfrac{a^0 + a^2 + \dots + a^{2n}}{a + a^3 + \dots + a^{2n-1}} \ge \dfrac{n+1}{n}$

7.15. $n \in N$ 에 대해, $1 + \dots + \dfrac{1}{n} > \ln(n+1)$

7.16. $n \in N$ 에 대해, $1 + \dots + \dfrac{1}{n\sqrt{n}} \le 3 - \dfrac{2}{\sqrt{n}}$

7.17. $\alpha \ge 0,\ n \in N$ 에 대해, $(1+\alpha)^n \ge 1 + n\alpha + \dfrac{n(n-1)}{2}\alpha^2$

7.18. $k \in N$ 에 대해, $k! \ge \left(\dfrac{k+1}{e}\right)^k$

7.19. $n = 0, 1, 2, \dots$ 에 대해, $\displaystyle\sum_{i=0}^{n} \left|\sin(2^i x)\right| \le 1 + \frac{\sqrt{3}}{2} n$

7.20. $n \in N$, $0 \le \alpha \le \dfrac{\pi}{2}$ 에 대해, $\cos\alpha + \ldots + \dfrac{\cos n\alpha}{n} \ge -\dfrac{1}{2}$

7.21. 각 수 $a_1, \ldots, a_n$ $(n \ge 2)$ 은 1보다 크며 $k = 1, \ldots, n-1$ 에 대해 $\left|a_{k+1} - a_k\right| < 1$ 이다.

합 $\dfrac{a_1}{a_2} + \dfrac{a_2}{a_3} + \ldots + \dfrac{a_{n-1}}{a_n} + \dfrac{a_n}{a_1}$ 이 $2n-1$ 보다 작다는 것을 증명하여라.

7.22. $1 = x_1 \le x_2 \le \ldots \le x_{n+1}$ 이라 하자. 다음을 증명하여라.

(a) $n \in N$ 에 대해, $\dfrac{\sqrt{x_2 - x_1}}{x_2} + \ldots + \dfrac{\sqrt{x_{n+1} - x_n}}{x_{n+1}} \le \dfrac{\sqrt{4n-3}}{2}$

(b) $x_2, \ldots, x_{n+1} \in N$ 에 대해, $\dfrac{\sqrt{x_2 - x_1}}{x_2} + \ldots + \dfrac{\sqrt{x_{n+1} - x_n}}{x_{n+1}} < 1 + \dfrac{1}{2} + \ldots + \dfrac{1}{n^2}$

7.23. $\alpha_1 > 0, \ldots, \alpha_n > 0, \beta_1 > 0, \ldots, \beta_n > 0$, $\alpha_1 + \ldots + \alpha_n \le \beta_1 + \ldots + \beta_n \le \pi$ 이다. 이때 다음을 증명하여라.

$$\frac{\cos\beta_1}{\sin\alpha_1} + \ldots + \frac{\cos\beta_n}{\sin\alpha_n} \le \frac{\cos\alpha_1}{\sin\alpha_1} + \ldots + \frac{\cos\alpha_n}{\sin\alpha_n}$$

7.24. $a > 0, b > 0, c > 0$ 에 대해, 다음을 증명하여라.

$$2(a^{2012}+1)(b^{2012}+1)(c^{2012}+1) \ge (1+abc)(a^{2011}+1)(b^{2011}+1)(c^{2011}+1)$$

7.25. $n \ge 2,\ n \in N,\ a_1 > 0, \ldots, a_n > 0$, $b_k = \frac{1}{C_n^k}(a_1 \cdot \ldots \cdot a_{k-1}a_k + a_1 \cdot \ldots \cdot a_{k-1}a_{k+1} + \ldots$

$+ a_1 \cdot \ldots \cdot a_{k-1}a_n + \ldots + a_{n-k+1} \cdot \ldots \cdot a_{n-1}a_n)$ 에 대해 다음을 증명하여라.

(a) $b_1 \ge \sqrt{b_2}$

(b) $k = 2, \ldots, n-1$ 에 대해 $b_k^{\ 2} \ge b_{k-1}b_{k+1}$

증명

7.1. $n=1$ 일 때에 $\frac{1}{2} \le \frac{1}{\sqrt{4}}$ 이므로, 주어진 부등식이 성립한다. 주어진 부등식이 $n=k$ 일 때에 성립한다고 가정하고, $n=k+1$ 일 때에 성립한다는 것을 보이자.

$n=k$ 일 때에 부등식은 $\frac{1}{2} \cdot \ldots \cdot \frac{2k-1}{2k} \le \frac{1}{\sqrt{3k+1}}$ 이 된다. 이 부등식의 양변에 $\frac{2(k+1)-1}{2(k+1)}$ 을 곱하면, $\frac{1}{2} \cdot \ldots \cdot \frac{2k-1}{2k} \cdot \frac{2k+1}{2k+2} \le \frac{1}{\sqrt{3k+1}} \cdot \frac{2k+1}{2k+2}$ 이 얻어진다.

이제 부등식 $\frac{1}{\sqrt{3k+1}} \cdot \frac{2k+1}{2k+2} \le \frac{1}{\sqrt{3k+4}}$ (연습문제 1.21)을 생각하면, 다음을 얻을 수 있다.

$$\frac{1}{2} \cdot \ldots \cdot \frac{2k-1}{2k} \cdot \frac{2(k+1)-1}{2(k+1)} \le \frac{1}{\sqrt{3(k+1)+1}}$$

결국 주어진 부등식은 임의의 자연수 n 에 대해 성립한다.

7.2. (a) $n=1$ 일 때에 $\sqrt{a} \le \frac{1+\sqrt{4a+1}}{2}$ 이 되며, 주어진 부등식은 성립한다.

부등식 $\underbrace{\sqrt{a+\sqrt{a+\ldots+\sqrt{a}}}}_{k} \le \frac{1+\sqrt{4a+1}}{2}$ 이 성립한다고 가정하자. 다음 부등식이 성립한다.

$$\underbrace{\sqrt{a+\sqrt{a+\ldots+\sqrt{a}}}}_{k+1} = \sqrt{a+\underbrace{\sqrt{a+\ldots+\sqrt{a}}}_{k}} \le \sqrt{a+\frac{1+\sqrt{4a+1}}{2}} = \frac{1+\sqrt{4a+1}}{2}$$

그러므로 주어진 부등식은 $n=k+1$ 일 때에 성립한다. 결국 주어진 부등식은 임의의 자연수 n 에 대해 성립한다.

(b) $1 \le k \le n$, $k \in N$ 일 때에 부등식 $\sqrt{k\sqrt{(k+1)\sqrt{\ldots\sqrt{n}}}} < k+1$ 을

$p=n-k$ 에 대한 수학적 귀납법으로 증명하자(n 은 상수로 취급한다).

$p=0$ 인 경우에 부등식은 $\sqrt{n} < n+1$ 이 되며, 이것의 증명은 자명하다.

$p=n-m$ 인 경우에 부등식이 성립한다고 가정하고,

$p=n-m+1=n-(m-1)$ 인 경우에 부등식이 성립함을 보이자.

$p=n-m$ 인 경우에 부등식은 $\sqrt{m\sqrt{(m+1)\sqrt{\ldots\sqrt{n}}}} < m+1$ 이 되며,

이로부터 부등식 $\sqrt{(m-1)\sqrt{m\sqrt{(m+1)\ldots\sqrt{n}}}} < \sqrt{(m-1)(m+1)} < m$ 을 얻는다.

결국 부등식 $\sqrt{k\sqrt{(k+1)\sqrt{\ldots\sqrt{n}}}} < k+1$ 은 $1 \le k \le n$, $k \in N$ 에 대해 성립한다.

$k=2$ 일 때에 $\sqrt{2\sqrt{3\sqrt{4\sqrt{\ldots\sqrt{n}}}}} < 3$ 이 되며, 이것은 주어진 부등식과 일치한다.

7.3. $n=1$ 인 경우에 부등식 $x_1^2 \le x_1^2$ 을 얻으며, 이 부등식은 성립한다. 부등식 $x_1^2 + \ldots + (2k-1)x_k^2 \le (x_1 + \ldots + x_k)^2$ 이 성립한다고 가정하자. 이 부등식의 양변에 $(2k+1)x_{k+1}^2$ 을 더하면, 다음을 얻을 수 있다.

$$x_1^2 + \ldots + (2k-1)x_k^2 + (2k+1)x_{k+1}^2 \le (x_1 + \ldots + x_k)^2 + (2k+1)x_{k+1}^2 \qquad (7.4)$$

다음 부등식을 증명하자.

$$(x_1 + \ldots + x_k)^2 + (2k+1)x_{k+1}^2 \le (x_1 + \ldots + x_{k+1})^2 \qquad (7.5)$$

이 부등식은 문제의 조건 $0 \le x_{k+1} \le x_i$, $i=1,\ldots,k$ 에 의해, 다음 부등식과 동치이다.

$$(2k+1)x_{k+1}^2 \le (x_1 + \ldots + x_{k+1})^2 - (x_1 + \ldots + x_k)^2 = \big(2(x_1 + \ldots + x_k) + x_{k+1}\big)x_{k+1}$$

그리고 다음의 성립하는 부등식과 동치이다.

$$0 \le x_{k+1}\big(2(x_1 + \ldots + x_k) - 2kx_{k+1}\big) = 2x_{k+1}\big((x_1 - x_{k+1}) + \ldots + (x_k - x_{k+1})\big)$$

결국 (7.4)와 (7.5)로부터 부등식

$x_1^2 + \ldots + (2k-1)x_k^2 + (2k+1)x_{k+1}^2 \le (x_1 + \ldots + x_{k+1})^2$ 을 얻을 수 있다. 이 부등식은 주어진 부등식의 $n=k+1$ 인 경우에 해당한다. 결국 주어진 부등식은 임의의 자연수 n 에 대해 성립한다.

7.4. (a) $n=2$ 인 경우에 $|\sin(x_1 + x_2)| \le |\sin x_1| + |\sin x_2|$ 이 성립한다.

$\sin(x_1 + x_2) = \sin x_1 \cos x_2 + \sin x_2 \cos x_1$, $|\cos\alpha| \le 1$ 이므로, 다음을 알 수 있다. $|\sin(x_1 + x_2)| \le |\sin x_1 \cos x_2| + |\sin x_2 \cos x_1| \le |\sin x_1| + |\sin x_2|$

주어진 부등식이 $n=k$ 인 경우에 성립한다고 가정하고, 이것이 $n=k+1$ 인 경우에도 성립함을 보이자. 다음이 성립한다.

$$|\sin((x_1 + \ldots + x_k) + x_{k+1})| \le |\sin(x_1 + \ldots + x_k)| + |\sin x_{k+1}|$$

$$\le (|\sin x_1| \ldots + |\sin x_k|) + |\sin x_{k+1}|$$

이 부등식은 주어진 부등식의 $n=k+1$ 인 경우에 해당한다. 이와 같이, 주어진 부등식은 임의의 자연수 n 에 대해 성립한다.

(b) $x\in[0,\pi]$ 일 때에 $\sin x\ge 0$ 이며 방금 전의 (a)에 의해 다음을 얻을 수 있다. $\sin x_1+\ldots+\sin x_n\ge\left|\sin(x_1+\ldots+x_n)\right|\ge\sin(x_1+\ldots+x_n)$

(c) $|\cos x_1|+|\cos x_2|+|\cos x_3|+|\cos x_4|+|\cos x_5|$

$=\left|\sin\left(\frac{\pi}{2}-x_1\right)\right|+\ldots+\left|\sin\left(\frac{\pi}{2}-x_5\right)\right|$ 이므로, (a)에 의해 다음을 얻을 수 있다.

$$\left|\sin\left(\frac{\pi}{2}-x_1\right)\right|+\ldots+\left|\sin\left(\frac{\pi}{2}-x_5\right)\right|\ge\left|\sin\left(\left(\frac{\pi}{2}-x_1\right)+\ldots+\left(\frac{\pi}{2}-x_5\right)\right)\right|$$

$$=\left|\sin\frac{5\pi}{2}\right|=1$$

결국 $|\cos x_1|+|\cos x_2|+|\cos x_3|+|\cos x_4|+|\cos x_5|\ge 1$ 이다.

7.5. (a) $n=1,3,5,7,\ldots,2k+1,\ldots$ 에 대해 주어진 부등식을 증명하자.

$n=1$ 인 경우에 $f(x_1)\ge f(x_1)$ 이다. 주어진 부등식이 $n=2k-1$ $(k\in N)$ 인 경우에 성립한다고 가정하고, $n=2k+1$ 인 경우에 성립을 증명하자. 다음이 성립한다.

$$f(x_1)-f(x_2)+\ldots+f(x_{2k-1})\ge f(x_1-x_2+\ldots+x_{2k-1})$$

결국 다음을 알 수 있다.

$$f(x_1)-f(x_2)+\ldots+f(x_{2k-1})-f(x_{2k})+f(x_{2k+1})$$

$$\ge f(x_1-x_2+x_3-\ldots+x_{2k-1})-f(x_{2k})+f(x_{2k+1})$$

$x_1 - x = (x_2 - x_3) + \ldots + (x_{2k-2} - x_{2k-1}) \geq 0$,

$x - y = (x_1 - x_2) + \ldots + (x_{2k-1} - x_{2k}) \geq 0$ 이므로, 다음이 성립한다.

$$x_1 \geq x = x_1 - x_2 + x_3 - \ldots + x_{2k-1} \geq y = x_{2k} \geq z = x_{2k+1} \geq 0$$

결국, $f(x) - f(y) + f(z) \geq f(x - y + z)$ 이다. 이와 같이, 다음이 성립한다.

$$f(x_1) - f(x_2) + \ldots + f(x_{2k-1}) - f(x_{2k}) + f(x_{2k+1})$$
$$\geq f(x_1 - x_2 + \ldots + x_{2k-1}) - f(x_{2k}) + f(x_{2k+1})$$
$$\geq f(x_1 - x_2 + x_3 - \ldots + x_{2k-1} - x_{2k} + x_{2k+1})$$

이로부터 주어진 부등식은 $n = 2k + 1$ 인 경우에 성립한다는 것이 유도된다. 결국 주어진 부등식은 임의의 홀수 n 에 대해 성립한다. 이제 $n = 2k$ 인 경우에 대해 증명하자. $x_1 \geq x_2 \geq \ldots \geq x_{2k}$ 라 하자. $x_{2k+1} = 0$ 으로 잡으면, 이 경우 다음이 성립한다.

$$f(x_1) - f(x_2) + \ldots - f(x_{2k}) + f(0) \geq f(x_1 - x_2 + \ldots - x_{2k} + 0)$$ 또는
$$f(x_1) - f(x_2) + \ldots - f(x_{2k}) \geq f(x_1 - x_2 + \ldots - x_{2k})$$

왜냐 하면, $f(0) \leq 0$ 이다.

(b) $\frac{\pi}{2} > x \geq y \geq z \geq 0$ 일 때에 $\tan x - \tan y + \tan z \geq \tan(x - y + z)$ 를 증명하자. 이 부등식을 다음과 같이 쓸 수 있다.

$$\tan x - \tan y \geq \tan(x - y + z) - \tan z$$ 또는

$$\frac{\sin(x-y)}{\cos x \cos y} \geq \frac{\sin(x-y)}{\cos z \cos(x - y + z)}$$

$x = y$ 일 때에 부등식의 증명은 자명하다. 만약 $x \neq y$ 이면, 주어진 부등식은 다음 부등식과 동치이다.

$\cos z \cos(x - y + z) \geq \cos x \cos y$

그런데 $0 \leq z \leq y < \frac{\pi}{2}$, $0 \leq x - y + z \leq x < \frac{\pi}{2}$ 이므로, 이 부등식은 성립한다.

함수 $f(x) = \tan x$ 를 생각하자. $f(0) = 0$ 이며, 연습문제 7.5(a)의 조건이 만족되므로, 주어진 부등식은 성립한다.

연습문제 7.5(a), 연습문제 9.34로부터 증명이 유도된다.

7.6. 우선 좀 더 일반적인 다음 부등식을 증명하자.

$$(x_1 + \ldots + x_n)^2 \geq 4(x_1x_2 + x_2x_3 + \ldots + x_{n-1}x_n + x_nx_1) \tag{7.6}$$

이때 $n \geq 4$, $x_1 > 0, \ldots, x_n > 0$ 이다.

$n = 4$ 인 경우에 부등식 $(x_1 + x_2 + x_3 + x_4)^2 \geq 4(x_1x_2 + x_2x_3 + x_3x_4 + x_4x_1)$ 이 성립한다. 왜냐 하면,

$(x_1 + x_2 + x_3 + x_4)^2 - 4(x_1x_2 + x_2x_3 + x_3x_4 + x_4x_1) = (x_1 - x_2 + x_3 - x_4)^2 \geq 0$

이다.

(7.6)이 $n = k$ 인 경우에 성립한다고 가정하고, 이것이 $n = k + 1$ 인 경우에도 성립함을 보이자. $\max(x_1, \ldots, x_{k+1}) = x_i$ 라 하자. 이 경우에 다음이 성립한다.

$$(x_1 + \ldots + (x_{i-2} + x_{i-1}) + x_i + \ldots + x_{k+1})^2$$
$$\geq 4(x_1x_2 + x_2x_3 + \ldots + x_{i-3}(x_{i-2} + x_{i-1}) + (x_{i-2} + x_{i-1})x_i$$
$$+ x_ix_{i+1} + \ldots + x_kx_{k+1} + x_{k+1}x_1)$$

$$> 4\left(x_1x_2 + x_2x_3 + \ldots + x_{i-3}x_{i-2} + x_{i-2}x_i + x_{i-1}x_i + x_ix_{i+1} + \ldots + x_kx_{k+1} + x_{k+1}x_1\right)$$

$$\geq 4\left(x_1x_2 + x_2x_3 + \ldots + x_{i-3}x_{i-2} + x_{i-2}x_{i-1} + x_{i-1}x_i + x_ix_{i+1} + \ldots + x_kx_{k+1} + x_{k+1}x_1\right)$$

이때 $x_0 = x_{k+1}$, $x_{-1} = x_k$ 이다.

7.7. $n=1$ 인 경우에 부등식 $\frac{1}{2}x_1^2 \leq x_1^2$ 이 얻어지며, 이 부등식은 성립한다. 주어진 부등식이 $n=k$ 인 경우에 성립한다고 가정하고, 이것이 $n=k+1$ 인 경우에 성립함을 보이자.

$n=k$ 일 경우에 $\frac{1}{2}\left(x_1 + \ldots + x_k\right)^2 \leq \left(x_1 + \ldots + kx_k\right)\max\left(x_1, \ldots, x_k\right)$ 이

성립한다. 이 부등식의 양변에 $x_{k+1}\left(x_1 + \ldots + x_k\right) + \frac{x_{k+1}^2}{2}$ 을 더하면, 좌변에는

$\frac{1}{2}\left(x_1 + \ldots + x_{k+1}\right)^2$, 우변에는 다음 식이 얻어진다.

$$\left(x_1 + \ldots + kx_k\right)\max\left(x_1, \ldots, x_k\right) + x_{k+1}\left(x_1 + \ldots + x_k\right) + \frac{x_{k+1}^2}{2}$$

그런데 우변의 식은 $\left(x_1 + \ldots + \left(k+1\right)x_{k+1}\right)\max\left(x_1, \ldots, x_{k+1}\right)$ 보다 크지 않다.

실제로 $\max\left(x_1, \ldots, x_k\right) \leq \max\left(x_1, \ldots, x_{k+1}\right) = c$, $\frac{x_{k+1}^2}{2} \leq x_{k+1}^2 \leq cx_{k+1}$ 이므로,

다음이 성립한다.

$$\left(x_1 + \ldots + kx_k\right)\max\left(x_1, \ldots, x_n\right) + x_{k+1}\left(x_1 + \ldots + x_k\right) + \frac{x_{k+1}^2}{2}$$

$$\leq \left(x_1 + \ldots + kx_k\right)c + kcx_{k+1} + cx_{k+1} = \left(x_1 + \ldots + \left(k+1\right)x_{k+1}\right)c$$

결국, 주어진 부등식은 모든 자연수 n 에 대해 성립한다.

7.8. 우선 영역 I 의 임의의 수 $x_1, \dots, x_n$ 에 대해 다음 부등식이 성립함을 증명하자.

$$\frac{f(x_1)+\dots+f(x_n)}{n} \ge f\left(\frac{x_1+\dots+x_n}{n}\right) \tag{7.7}$$

$n=2$ 인 경우에 부등식 (7.7)은 정리 11.1의 조건과 일치한다.

$n=k$ 인 경우에 (7.7)이 성립한다고 가정하고, 이것이 $n=k+1$ 인 경우에도 성립함을 보이자. 다음 식을 생각하자.

$$f(x_1)+\dots+f(x_k)+f(x_{k+1})+(k-1)f\left(\frac{x_1+\dots+x_{k+1}}{k+1}\right)=A$$

다음을 생각하자.

$$A=\left(f(x_1)+\dots+f(x_k)\right)+f(x_{k+1})$$

$$+\underbrace{f\left(\frac{x_1+\dots+x_{k+1}}{k+1}\right)+\dots+f\left(\frac{x_1+\dots+x_{k+1}}{k+1}\right)}_{k-1}$$

$$\ge kf\left(\frac{x_1+\dots+x_k}{k}\right)+kf\left(\frac{x_{k+1}+(k-1)\dfrac{x_1+\dots+x_{k+1}}{k+1}}{k}\right)$$

$$\ge 2kf\left(\frac{\dfrac{x_1+\dots+x_k}{k}+\dfrac{x_{k+1}+(k-1)\dfrac{x_1+\dots+x_{k+1}}{k+1}}{k}}{2}\right)=2kf\left(\frac{x_1+\dots+x_{k+1}}{k+1}\right)$$

이와 같이 다음을 얻을 수 있다.

$$f(x_1)+\dots+f(x_{k+1})+(k-1)f\left(\frac{x_1+\dots+x_{k+1}}{k+1}\right)\ge 2kf\left(\frac{x_1+\dots+x_{k+1}}{k+1}\right)$$

이로부터 $\dfrac{f(x_1)+\ldots+f(x_{k+1})}{k+1} \geq f\left(\dfrac{x_1+\ldots+x_{k+1}}{k+1}\right)$이다.

결국 부등식 (7.7)이 증명되었다.

이제 부등식 (11.3)을 증명하자. $p_i, q_i \in N$, $i=1,\ldots,n$에 대해

$\alpha_i = \dfrac{p_i}{q_i}$, $i=1,\ldots,n$이라고 하자. 수 $q_1, \ldots, q_n$의 최소공배수를 q라고 하자.

이 경우에 $l_i \in N$, $i=1,\ldots,n$에 대해 $\dfrac{p_i}{q_i} = \dfrac{l_i}{q}$이다. 이 부등식의 좌변은

$\alpha_1 f(x_1)+\ldots+\alpha_n f(x_n) = \dfrac{l_1 f(x_1)+\ldots+l_n f(x_n)}{q} = B$ 이다.

부등식 (7.7)을 수 $\underbrace{x_1, \ldots, x_1}_{l_1}, \ldots, \underbrace{x_n, \ldots, x_n}_{l_n}$ (전체 개수가 q 인)에 사용하면,

$\alpha_1+\ldots+\alpha_n=1$이므로 다음이 얻어진다.

$$B \geq f\left(\frac{l_1x_1+l_2x_2+\ldots+l_nx_n}{q}\right) = f(\alpha_1x_1+\ldots+\alpha_nx_n)$$

7.9. $n=2$ 인 경우에 부등식 (11.7)은 정리 11.2 (11.5)의 조건들과 일치한다. $n=k$ 인 경우에 (11.7)이 성립한다고 가정하고, 이것이 $n=k+1$ 인 경우에 성립한다는 것, 즉 다음을 증명하자.

$$\beta_1 f(a_1)+\ldots+\beta_{k+1} f(a_{k+1}) \geq f(\beta_1\alpha_1+\ldots+\beta_{k+1}\alpha_{k+1})$$

이때 $\beta_1 \geq 0, \ldots, \beta_{k+1} \geq 0$, $\beta_1+\ldots+\beta_{k+1}=1$, $a_1,\ldots,a_n \in I$ 이다.
실제로, 다음이 성립한다.

$$\beta_1 f(a_1)+\ldots+\beta_{k+1} f(a_{k+1})$$
$$=(\beta_1+\ldots+\beta_k)\left(\frac{\beta_1}{\beta_1+\ldots+\beta_k} f(a_1)+\ldots+\frac{\beta_k}{\beta_1+\ldots+\beta_k} f(a_k)\right)+\beta_{k+1} f(a_{k+1})$$

$$\geq (\beta_1 + \ldots + \beta_k) f\left(\frac{\beta_1 a_1 + \ldots + \beta_k a_k}{\beta_1 + \ldots + \beta_k}\right) + \beta_{k+1} f(a_{k+1})$$

$$\geq f\left((\beta_1 + \ldots + \beta_k)\frac{\beta_1 a_1 + \ldots + \beta_k a_k}{\beta_1 + \ldots + \beta_k} + \beta_{k+1} a_{k+1}\right) = f(\beta_1 a_1 + \ldots + \beta_k a_k + \beta_{k+1} a_{k+1})$$

결국 $\beta_1 f(a_1) + \ldots + \beta_{k+1} f(a_{k+1}) \geq f(\beta_1 \alpha_1 + \ldots + \beta_{k+1} \alpha_{k+1})$ 이다.

여기서 우리는 $n=k$ 인 경우에 부등식 (11.7)에서 x_i 를 a_i 로, α_i 를 $\frac{\beta_i}{\beta_1 + \ldots + \beta_k}$, $i=1,\ldots,k$ 로 바꾸어서 사용하였다. 결국 부등식 (11.7)은 임의의 자연수 n 에 대해 성립한다.

7.10. (a) $n=1$ 인 경우에 부등식 $a_1 \leq a_1$ 을 얻게 되며, 이 부등식은 성립한다. $n=k$ 인 경우에 주어진 부등식이 성립한다고 가정하고, $n=k+1$ 인 경우에 부등식의 성립을 보이자.

$n=k$ 일 때에 $a_1 + \ldots + a_k^k \leq k a_1 \cdot \ldots \cdot a_k$ 이다.

한편 문제의 조건에 의해, $1 \leq a_{k+1}$ 이다. 이 두 부등식을 서로 곱하면 $a_1 + \ldots + a_k^k \leq k a_1 \cdot \ldots \cdot a_k a_{k+1}$ 을 얻을 수 있다. 문제의 조건에 의해 부등식 $a_{k+1}^{k+1} \leq a_1 \cdot \ldots \cdot a_{k+1}$ 이 성립한다. 얻어진 부등식들을 서로 더하면, 다음이 성립한다.

$$a_1 + \ldots + a_k^k + a_{k+1}^{k+1} \leq k a_1 \cdot \ldots \cdot a_{k+1} + a_1 \cdot \ldots \cdot a_{k+1} = (k+1) a_1 \cdot \ldots \cdot a_{k+1}$$

결국 주어진 부등식은 임의의 자연수 n 에 대해 성립한다.

(b) $n=1$ 인 경우에 타당한 부등식 $a_1 \geq a_1$ 을 얻게 된다. 주어진 부등식이 $n=k$ 인 경우에 성립한다고 가정하고, $n=k+1$ 인 경우에 성립함을 보이자.

$n=k$ 인 경우에 $a_1+\ldots+a_k^k \geq ka_1\cdot\ldots\cdot a_k$ 가 얻어진다. 한편 문제의 조건에 의해 $1\geq a_{k+1}$ 이다. 이 부등식들을 서로 곱하면 $a_1+\ldots+a_k^k \geq ka_1\cdot\ldots\cdot a_k a_{k+1}$ 가 얻어진다. 조건에 의해, 타당한 부등식 $a_{k+1}^{k+1}\geq a_1\cdot\ldots\cdot a_{k+1}$ 이 얻어진다. 얻어진 부등식들을 서로 더하면, 다음이 얻어진다.

$$a_1+\ldots+a_k^k+a_{k+1}^{k+1}\geq (k+1)a_1\cdot\ldots\cdot a_{k+1}$$

이와 같이, 주어진 부등식은 임의의 자연수 n 에 대해 성립한다.

7.11. (a) $n=2$ 인 경우에 타당한 다음 부등식이 얻어진다.

$$\frac{a_2^2}{a_1}\geq 4(a_2-a_1),\ \left(a_2^2-4a_1a_2+4a_1^2=(a_2-2a_1)^2\geq 0\right)$$

주어진 부등식이 $n=k$ 인 경우에 성립한다고 가정하고, $n=k+1$ 인 경우에도 성립함을 보이자. $n=k$ 인 경우에 부등식

$\frac{a_2^2}{a_1}+\ldots+\frac{a_k^2}{a_{k-1}}\geq 4(a_k-a_1)$ 이 성립한다. 이 부등식의 양변에

$4(a_{k+1}-a_k)$ 를 더하면, $\frac{a_2^2}{a_1}+\ldots+\frac{a_k^2}{a_{k-1}}+4(a_{k+1}-a_k)\geq 4(a_{k+1}-a_1)$ 이 얻어진다.

이제 $\frac{a_2^2}{a_1}+\ldots+\frac{a_k^2}{a_{k-1}}+\frac{a_{k+1}^2}{a_k}\geq\frac{a_2^2}{a_1}+\ldots+\frac{a_k^2}{a_{k-1}}+4(a_{k+1}-a_k)$ 을 증명하면 된다.

실제로 이 부등식은 타당한 부등식 $\frac{a_{k+1}^2}{a_k}\geq 4(a_{k+1}-a_k)$ 또는

$(a_{k+1}-2a_k)^2\geq 0$ 과 동치이다. 이와 같이, 주어진 부등식은 임의의 자연수 n 에 대해 성립한다.

(b) $n=2$ 인 경우에 다음이 성립한다.

$$\left(\frac{a_1^3}{b_1c_1}+\frac{a_2^3}{b_2c_2}\right)(b_1+b_2)(c_1+c_2)=a_1^3+a_2^3+$$

$$+\left(a_1^3\frac{c_2}{c_1}+a_1^3\frac{b_2}{b_1}+a_2^3\frac{b_1c_1}{b_2c_2}\right)+\left(a_2^3\frac{c_1}{c_2}+a_2^3\frac{b_1}{b_2}+a_1^3\frac{b_2c_2}{b_1c_1}\right)\geq$$

$$\geq a_1^3+a_2^3+3\sqrt[3]{a_1^3\frac{c_2}{c_1}\cdot a_1^3\frac{b_2}{b_1}\cdot a_2^3\frac{b_1c_1}{b_2c_2}}+3\sqrt[3]{a_2^3\frac{c_1}{c_2}\cdot a_2^3\frac{b_1}{b_2}\cdot a_1^3\frac{b_2c_2}{b_1c_1}}=(a_1+a_2)^3$$

결국, $\dfrac{a_1^3}{b_1c_1}+\dfrac{a_2^3}{b_2c_2}\geq\dfrac{(a_1+a_2)^3}{(b_1+b_2)(c_1+c_2)}$ 이다.

주어진 부등식이 $n=k$ 인 경우에 성립한다고 가정하고, $n=k+1$ 인 경우에도 성립함을 보이자.

$n=k$ 인 경우에 부등식 $\dfrac{a_1^3}{b_1c_1}+\ldots+\dfrac{a_k^3}{b_kc_k}\geq\dfrac{(a_1+\ldots+a_k)^3}{(b_1+\ldots+b_k)(c_1+\ldots+c_k)}$ 이

성립하며, 이 부등식의 양변에 $\dfrac{a_{k+1}^3}{b_{k+1}c_{k+1}}$ 을 더하면, 다음이 얻어진다.

$$\frac{a_1^3}{b_1c_1}+\ldots+\frac{a_k^3}{b_kc_k}+\frac{a_{k+1}^3}{b_{k+1}c_{k+1}}\geq\frac{(a_1+\ldots+a_k)^3}{(b_1+\ldots+b_k)(c_1+\ldots+c_k)}+\frac{a_{k+1}^3}{b_{k+1}c_{k+1}}$$

$$\geq\frac{((a_1+\ldots+a_k)+a_{k+1})^3}{((b_1+\ldots+b_k)+b_{k+1})((c_1+\ldots+c_k)+c_{k+1})}$$

결국 부등식은 $n=k+1$ 인 경우에 성립한다. 이와 같이, 주어진 부등식은 임의의 자연수 n 에 대해 성립한다.

7.12. (a) $n=2$ 인 경우에 다음 부등식이 성립한다.

$$\left(x_2+x_1\right)\left(f\left(x_2\right)-f\left(x_1\right)\right)\ge\left(x_2+x_1\right)\left(f\left(x_2\right)-f\left(x_1\right)\right)$$

$n=k$ 인 경우에 다음 부등식을 얻을 수 있다.

$$\left(x_2+x_1\right)\left(f\left(x_2\right)-f\left(x_1\right)\right)+\ldots+\left(x_k+x_{k-1}\right)\left(f\left(x_k\right)-f\left(x_{k-1}\right)\right)$$
$$\ge\left(x_k+x_1\right)\left(f\left(x_k\right)-f\left(x_1\right)\right)$$

이 부등식의 양변에 $\left(x_{k+1}+x_k\right)\left(f\left(x_{k+1}\right)-f\left(x_k\right)\right)$ 을 더하면, 다음이 얻어진다.

$$\left(x_2+x_1\right)\left(f\left(x_2\right)-f\left(x_1\right)\right)+\ldots+\left(x_k+x_{k-1}\right)\left(f\left(x_k\right)-f\left(x_{k-1}\right)\right)$$
$$+\left(x_{k+1}+x_k\right)\left(f\left(x_{k+1}\right)-f\left(x_k\right)\right)$$
$$\ge\left(x_k+x_1\right)\left(f\left(x_k\right)-f\left(x_1\right)\right)+\left(x_{k+1}+x_k\right)\left(f\left(x_{k+1}\right)-f\left(x_k\right)\right)$$

$n=k+1$ 인 경우에 부등식의 타당성을 증명하기 위해, 다음을 보이면 된다.

$$\left(x_k+x_1\right)\left(f\left(x_k\right)-f\left(x_1\right)\right)+\left(x_{k+1}+x_k\right)\left(f\left(x_{k+1}\right)-f\left(x_k\right)\right)$$
$$\ge\left(x_{k+1}+x_1\right)\left(f\left(x_{k+1}\right)-f\left(x_1\right)\right)$$ 또는

$$\left(x_{k+1}-x_k\right)f\left(x_1\right)+\left(x_k-x_1\right)f\left(x_{k+1}\right)\ge\left(x_{k+1}-x_1\right)f\left(x_k\right) \tag{7.8}$$

$f(x)$ 가 볼록함수이므로, 다음이 성립한다.

$$\frac{x_{k+1}-x_k}{x_{k+1}-x_1}f\left(x_1\right)+\frac{x_k-x_1}{x_{k+1}-x_1}f\left(x_{k+1}\right)\ge f\left(\frac{x_{k+1}-x_k}{x_{k+1}-x_1}x_1+\frac{x_k-x_1}{x_{k+1}-x_1}x_{k+1}\right)$$
$$=f\left(x_k\right)$$

이로부터 부등식 (7.8)이 얻어진다. 결국 우리는 $n=k+1$ 인 경우에 주어진 부등식의 타당성을 증명하였다. 이와 같이, 주어진 부등식은 임의의 자연수 n $(n>1)$ 에 대해 성립한다.

(b) 방금 전의 부등식 (a)를 다음과 같이 쓸 수 있다.

$$x_n f(x_1) + x_1 f(x_2) + x_2 f(x_3) + \ldots + x_{n-1} f(x_n)$$
$$\ge x_2 f(x_1) + x_3 f(x_2) + \ldots + x_n f(x_{n-1}) + x_1 f(x_n)$$

이때 $f(x) = -\sqrt{x}$ 로 잡으면, 다음이 성립한다.

$$a(-\sqrt{c}) + c(-\sqrt{b}) + b(-\sqrt{a}) \ge b(-\sqrt{c}) + a(-\sqrt{b}) + c(-\sqrt{a})$$

이로부터 $a\sqrt{c} + c\sqrt{b} + b\sqrt{a} \le b\sqrt{c} + a\sqrt{b} + c\sqrt{a}$ 가 된다.

함수 $f(x) = -\ln x$ 를 생각하자. 앞의 부등식 (a)에 의해, 다음이 성립한다.

$$x_n(-\ln x_1) + x_1(-\ln x_2) + \ldots + x_{n-1}(-\ln x_n)$$
$$\ge x_2(-\ln x_1) + \ldots + x_n(-\ln x_{n-1}) + x_1(-\ln x_n) \quad \text{또는}$$

$$x_1^{x_n} \cdot x_2^{x_1} \cdot \ldots \cdot x_n^{x_{n-1}} \le x_1^{x_2} \cdot x_2^{x_3} \cdot \ldots \cdot x_{n-1}^{x_n} \cdot x_n^{x_1}$$

다음 함수를 생각하자.

$$f(x) = \frac{x}{(a+b+c-x)(a+b+c+x)} = \frac{1}{2}\left(\frac{1}{a+b+c-x} - \frac{1}{a+b+c+x}\right)$$

이로부터 다음이 얻어진다.

$$f'(x) = \frac{1}{2}\left(\frac{1}{(a+b+c-x)^2} + \frac{1}{(a+b+c+x)^2}\right)$$

만약 $0 \le x \le a$ 이면, $f''(x) = \dfrac{1}{(a+b+c-x)^3} - \dfrac{1}{(a+b+c+x)^3} \ge 0$ 이다.

그러므로 다음이 성립한다.

$$af(c) + cf(b) + bf(a) \ge bf(c) + af(b) + cf(a) \quad \text{또는}$$

$$a\cdot\frac{c}{(a+b)(a+b+2c)}+c\cdot\frac{b}{(a+c)(a+c+2b)}+b\cdot\frac{a}{(b+c)(b+c+2a)}$$

$$\geq b\cdot\frac{c}{(a+b)(a+b+2c)}+a\cdot\frac{b}{(a+c)(a+c+2b)}+c\cdot\frac{a}{(b+c)(b+c+2a)}$$

7.13. 주어진 부등식이 다음 부등식과 동치임을 생각하자.

$$(a_1+\ldots+a_{n-1})n(n+1)+(a_1+\ldots+a_{n-1})n(n-1)+(a_n+a_{n+1})n(n-1)$$

$$\geq 2(n^2-1)(a_1+\ldots+a_{n-1})+2(n^2-1)a_n$$ 또는

$$2(a_1+\ldots+a_{n-1})+n(n-1)a_{n+1}\geq(n^2+n-2)a_n \tag{7.9}$$

이 부등식은 수학적 귀납법으로 증명된다.

$n=2$ 인 경우에 부등식 $2a_1+2a_3\geq 4a_2$ 이 성립한다.

$n=k$ 인 경우에 다음 부등식이 성립한다고 가정하자.

$$2(a_1+\ldots+a_{k-1})+k(k-1)a_{k+1}\geq(k^2+k-2)a_k \tag{7.10}$$

이제 $n=k+1$ 인 경우에 부등식을 증명하면 된다. 부등식 (7.10)의 양변에 $2a_k+(k+1)ka_{k+2}-k(k-1)a_{k+1}$ 을 더하면, 다음이 얻어진다.

$$2(a_1+\ldots+a_{k-1}+a_k)+(k+1)ka_{k+2}$$

$$\geq(k^2+k)a_k++(k^2+k)a_{k+2}-k(k-1)a_{k+1}$$

$$=(k^2+k)(a_k+a_{k+2})-k(k-1)a_{k+1}\geq(k^2+k)\cdot 2a_{k+1}-k(k-1)a_{k+1}$$

$$=(k^2+3k)a_{k+1}$$

이러한 방법으로 $2(a_1+\ldots+a_k)+(k+1)ka_{k+2}\geq(k^2+3k)a_{k+1}$ 을 얻을 수 있으며, 이로부터 $n=k+1$ 인 경우에 부등식이 성립함을 알 수 있다. 결국 부등식 (7.9)는 모든 자연수 n 에 대해 성립한다.

7.14. (a) 주어진 부등식을 $a_1 + a_3 + \ldots + a_{2n-1} \geq \dfrac{n}{n+1}\left(a_0 + a_2 + \ldots + a_{2n}\right)$과 같이 쓰고, 수학적 귀납법으로 부등식을 증명하자.

$n = 1$ 인 경우에 부등식 $a_1 \geq \dfrac{a_0 + a_2}{2}$ 이 성립한다.

주어진 부등식이 $n = k$ 인 경우에 성립한다고 가정하고, $n = k+1$ 인 경우에 부등식을 증명하자. $n = k$ 인 경우의 가정에 의해, 다음 부등식이 성립한다.

$a_1 + a_3 + \ldots + a_{2k-1} \geq \dfrac{k}{k+1}\left(a_0 + a_2 + \ldots + a_{2k}\right)$ 또는

$$a_1 + a_2 + \ldots + a_{2k-1} + a_{2k+1} \geq \frac{k}{k+1}\left(a_0 + a_2 + \ldots + a_{2k}\right) + a_{2k+1}$$

이제 다음 부등식을 증명하자.

$\dfrac{k}{k+1}\left(a_0 + a_2 + \ldots + a_{2k}\right) + a_{2k+1} \geq \dfrac{k+1}{k+2}\left(a_0 + a_2 + \ldots + a_{2k} + a_{2k+2}\right)$ 또는

$$a_{2k+1} \geq \frac{1}{(k+1)(k+2)}\left(a_0 + a_2 + \ldots + a_{2k}\right) + \frac{k+1}{k+2}a_{2k+2}$$

$a_{2k+1} \geq \dfrac{a_{2k} + a_{2k+2}}{2}$ 이므로, 만약

$\dfrac{a_{2k} + a_{2k+2}}{2} \geq \dfrac{1}{(k+1)(k+2)}\left(a_0 + \ldots + a_{2k}\right) + \dfrac{k+1}{k+2}a_{2k+2}$ 또는

$\dfrac{k(k+3)}{2}a_{2k} - \dfrac{k(k+1)}{2}a_{2k+2} \geq a_0 + a_2 + \ldots + a_{2k-2}$ 이 증명되면, 마지막 부등식이 증명된다. 이를 위해 수학적 귀납법을 이용하자.

$k = 1$ 인 경우에 부등식 $2a_2 - a_4 \geq a_0$ 이 성립한다. 왜냐 하면, 다음이 성립하기 때문이다.

$$a_2 \ge \frac{a_1 + a_3}{2} \ge \frac{1}{2}\left(\frac{a_0 + a_2}{2} + \frac{a_2 + a_4}{2}\right)$$

$k = m$ 인 경우에 다음 부등식이 성립한다.

$$\frac{m(m+3)}{2}a_{2m} - \frac{m(m+1)}{2}a_{2m+2} \ge a_0 + \ldots + a_{2m-2}$$

이로부터

$$\frac{m(m+3)}{2}a_{2m} - \frac{m(m+1)}{2}a_{2m+2} + a_{2m} \ge a_0 + a_2 + \ldots + a_{2m-2} + a_{2m}$$ 이다.

이제 다음 부등식을 증명하면 된다.

$$\frac{m(m+3)}{2}a_{2m} - \frac{m(m+1)}{2}a_{2m+2} + a_{2m}$$

$$\le \frac{(m+1)(m+4)}{2}a_{2m+2} - \frac{(m+1)(m+2)}{2}a_{2m+4}$$ 또는

$$(m+1)(m+2)a_{2m+2} \ge \frac{(m+1)(m+2)}{2}a_{2m} + \frac{(m+1)(m+2)}{2}a_{2m+4}$$

(b) $a_k = -a^k$ 라 하자.

이 경우에 $-a^k \ge \frac{-a^{k-1} - a^{k+1}}{2}$ 이므로, 앞의 부등식 (a)에 의해

$$\frac{-a - a^3 - \ldots - a^{2n-1}}{n} \ge \frac{-1 - a^2 - \ldots - a^{2n}}{n+1}$$ 이며,

$$\frac{1 + a^2 + \ldots + a^{2n}}{a + a^3 + \ldots + a^{2n-1}} \ge \frac{n+1}{n}$$ 이다.

7.15. $n = 1$ 인 경우에 부등식 $1 > \ln 2$ 이 성립한다.

$n = k$ 인 경우에 주어진 부등식이 성립한다고 가정하자. 즉 다음 부등식을 가정하자.

$$1+\frac{1}{2}+\ldots+\frac{1}{k}>\ln(k+1)$$

이제 양변에 $\frac{1}{k+1}$을 더하면, $1+\frac{1}{2}+\ldots+\frac{1}{k}+\frac{1}{k+1}>\ln(k+1)+\frac{1}{k+1}$이 된다.

부등식 $\ln(k+1)+\frac{1}{k+1}>\ln(k+2)$을 증명하자. 이 부등식은 다음 부등식과 동치이다.

$\frac{1}{k+1}>\ln(k+2)-\ln(k+1)=\ln\frac{k+2}{k+1}$ 또는 $1>\ln\left(\frac{k+2}{k+1}\right)^{k+1}$

$\lim_{n\to\infty}\left(1+\frac{1}{n}\right)^{n}=e$ 이므로, 수열 $\left(1+\frac{1}{n}\right)^{n}$은 단조증가하며(연습문제 3.16(a)),

$e>\left(1+\frac{1}{k+1}\right)^{k+1}$ 또는 $1>\ln\left(\frac{k+2}{k+1}\right)^{k+1}$ 이 성립한다.

7.16. $n=1$인 경우에 부등식 $1\le 1$이 성립한다. 부등식이 $n=k$인 경우에 성립한다고 가정하면, $1+\frac{1}{2\sqrt{2}}+\ldots+\frac{1}{k\sqrt{k}}\le 3-\frac{2}{\sqrt{k}}$이다. 이 부등식의 양변에 $\frac{1}{(k+1)\sqrt{k+1}}$을 더하면, 다음이 얻어진다.

$$1+\frac{1}{2\sqrt{2}}+\ldots+\frac{1}{k\sqrt{k}}+\frac{1}{(k+1)\sqrt{k+1}}\le 3-\frac{2}{\sqrt{k}}+\frac{1}{(k+1)\sqrt{k+1}}$$

이제 $3-\frac{2}{\sqrt{k}}+\frac{1}{(k+1)\sqrt{k+1}}\le 3-\frac{2}{\sqrt{k+1}}$을 증명하면 된다.

$\frac{1}{k+1}\le\frac{2}{\sqrt{k(k+1)}+k}$ 이므로, 다음이 성립한다.

$$\frac{1}{(k+1)\sqrt{k+1}} \le \frac{2}{\sqrt{k(k+1)}\left(\sqrt{k+1}+\sqrt{k}\right)} = \frac{2\left(\sqrt{k+1}-\sqrt{k}\right)}{\sqrt{k(k+1)}} = \frac{2}{\sqrt{k}} - \frac{2}{\sqrt{k+1}}$$

결국 주어진 부등식은 모든 자연수 n 에 대해 성립한다.

7.17. $n=1$ 인 경우에 부등식 $1+\alpha \ge 1+\alpha$ 가 성립한다. 주어진 부등식이 $n=k$ 인 경우에 성립한다고 가정하면, $(1+\alpha)^k \ge 1+k\alpha+\frac{k(k-1)}{2}\alpha^2$ 이 된다.

이로부터 다음이 얻어진다.

$$(1+\alpha)^{k+1} \ge (1+\alpha)\left(1+k\alpha+\frac{k(k-1)}{2}\alpha^2\right)$$

$$=1+k\alpha+\frac{k(k-1)}{2}\alpha^2+\alpha+k\alpha^2+\frac{k(k-1)}{2}\alpha^3$$

$$=1+(k+1)\alpha+\frac{k(k+1)}{2}\alpha^2+\frac{k(k-1)}{2}\alpha^3 \ge 1+(k+1)\alpha+\frac{k(k+1)}{2}\alpha^2$$

결국 $(1+\alpha)^{k+1} \ge 1+(k+1)\alpha+\frac{k(k+1)}{2}\alpha^2$ 이 증명되며, 부등식은 $n=k+1$ 에 대해 증명되었다. 이로부터 모든 자연수 n 에 대해 주어진 부등식이 성립한다.

7.18. $k=1$ 인 경우에 부등식 $1>\frac{2}{e}$ 가 성립한다. 주어진 부등식이 $k=m$ 에 대해 성립한다고 가정하면, $m!>\left(\frac{m+1}{e}\right)^m$ 이다. 이제 $k=m+1$ 에 대한 다음 부등식을 증명하자.

$$(m+1)! > \left(\frac{m+2}{e}\right)^{m+1}$$

$m! > \left(\frac{m+1}{e}\right)^{m}$ 이므로, 다음이 성립한다.

$$(m+1)! > e\left(\frac{m+1}{e}\right)^{m+1} \tag{7.11}$$

$\lim_{n\to\infty}\left(1+\frac{1}{n}\right)^{n} = e$ 이므로, 수열 $\left(1+\frac{1}{n}\right)^{n}$ 은 단조증가하며(연습문제 3.16(a)), 다음이 성립한다.

$$e > \left(1+\frac{1}{m+1}\right)^{m+1} \tag{7.12}$$

부등식 (7.11)과 (7.12)를 서로 곱하면, $(m+1)! > \left(\frac{m+2}{e}\right)^{m+1}$ 이 된다. 결국 주어진 부등식은 모든 자연수 k 에 대해 성립한다.

7.19. 우선 다음 부등식을 증명하자.

$$2|\sin x| + |\sin 2x| \le \frac{3\sqrt{3}}{2} \tag{7.13}$$

$$2|\sin x| + |\sin 2x| \le \frac{2}{\sqrt{3}}\sqrt{(3-3|\cos x|)(1+|\cos x|)^{3}} \le \frac{2}{\sqrt{3}}\sqrt{\left(\frac{6}{4}\right)^{4}} = \frac{3\sqrt{3}}{2}$$

이 성립한다.

$n=0$ 인 경우에 부등식 $|\sin x| \le 1$ 이 성립한다. $n \le k$ 인 경우에 부등식이 성립한다고 가정하자. 즉 임의의 x 에 대해 다음 부등식이 성립한다.

$$|\sin x| + |\sin 2x| + \ldots + |\sin 2^{n} x| \le 1 + \frac{\sqrt{3}}{2}n$$

$n=k+1$ 일 때에 부등식을 증명하자. 이를 위해 두 가지 경우를 살펴보자.

(a) $|\sin x| \le \frac{\sqrt{3}}{2}$

이 경우에 다음이 성립한다.

$$|\sin x| + \left(|\sin 2x| + \ldots + |\sin(2^k \cdot 2x)|\right) \le \frac{\sqrt{3}}{2} + 1 + \frac{\sqrt{3}}{2}k = 1 + \frac{\sqrt{3}}{2}(k+1)$$

(b) $|\sin x| > \frac{\sqrt{3}}{2}$

(7.13)으로부터 $|\sin x| + |\sin 2x| < \sqrt{3}$ 이 성립하며, 다음이 얻어진다.

$$|\sin x| + |\sin 2x| + \left(|\sin 4x| + \ldots + |\sin(2^{k-1} \cdot 4x)|\right)$$

$$< \sqrt{3} + \left(1 + \frac{\sqrt{3}}{2}(k-1)\right) = 1 + \frac{\sqrt{3}}{2}(k+1)$$

결국 주어진 부등식은 모든 자연수 n 에 대해 성립한다.

7.20. 영역 $\left[0, \frac{\pi}{2}\right]$ 에서 함수 $f_n(\alpha) = \cos\alpha + \frac{\cos 2\alpha}{2} + \ldots + \frac{\cos n\alpha}{n}$ 를 생각하자. 이 함수는 영역 $\left[0, \frac{\pi}{2}\right]$ 에서 최솟값 α_n 을 가진다고 하자. 이제 다음 경우들을 살펴보자.

(a) $\alpha_n = 0$ 인 경우

이 경우에는 $f_n(\alpha) \ge 1 + \frac{1}{2} + \ldots + \frac{1}{n} > -\frac{1}{2}$ 이다.

(b) $\alpha_n = \frac{\pi}{2}$ 인 경우

이 경우에는 $f_n(\alpha) \geq f_n(\frac{\pi}{2}) \geq -\frac{1}{2}$ 이다. 왜냐 하면, 다음이 성립하기 때문이다.

$$f_1(\frac{\pi}{2}) = 0,\ f_2(\frac{\pi}{2}) = f_3(\frac{\pi}{2}) = -\frac{1}{2},$$

$$f_4(\frac{\pi}{2}) = f_5(\frac{\pi}{2}) = -\frac{1}{2} + \frac{1}{4},\ f_6(\frac{\pi}{2}) = f_7(\frac{\pi}{2}) = -\frac{1}{2} + \left(\frac{1}{4} - \frac{1}{6}\right)$$

(c) $0 < \alpha_n < \frac{\pi}{2}$ 인 경우

이 경우에는 $f_n^{'}(\alpha_n) = 0$, 즉 $-\sin\alpha_n - \sin 2\alpha_n - \ldots - \sin n\alpha_n = 0$ 이다. 이로부터 다음을 알 수 있다.

$$2\sin\frac{\alpha_n}{2}\sin\alpha_n + \ldots + 2\sin\frac{\alpha_n}{2}\sin n\alpha_n = 0\ ,\quad \cos\frac{\alpha_n}{2} = \cos\left(n\alpha_n + \frac{\alpha_n}{2}\right)$$

마지막 등식으로부터 $\sin\frac{\alpha_n}{2} = \pm\sin\left(n\alpha_n + \frac{\alpha_n}{2}\right)$ 이 얻어지며, 다음이 성립한다.

$$\cos n\alpha_n = \cos\left(n\alpha_n + \frac{\alpha_n}{2}\right)\cos\frac{\alpha_n}{2} + \sin\left(n\alpha_n + \frac{\alpha_n}{2}\right)\sin\frac{\alpha_n}{2}$$

$$= \cos^2\frac{\alpha_n}{2} \pm \sin^2\frac{\alpha_n}{2} > 0$$

즉 $f_n(\alpha) \geq f_{n-1}(\alpha_n) = \cos\alpha_n + \ldots + \frac{\cos(n-1)\alpha_n}{n-1} \geq -\frac{1}{2}$ 이다.

$\alpha_n \in \left(0, \frac{\pi}{2}\right)$ 이고 $(n-1)$ 에 대해 명제가 성립한다($n=1$ 일 때에 $f_1(\alpha) = \cos\alpha \geq 0 > -\frac{1}{2}$ 이다).

7.21. $n=2$ 일 때에 $\dfrac{a_1}{a_2}+\dfrac{a_2}{a_1}=2+\dfrac{(a_1-a_2)^2}{a_1a_2}<2+\dfrac{1}{a_1a_2}<3$ 이다.

$n\ge 3$ 이라 하자. 두 가지 경우를 생각하자.

(a) 다음을 만족하는 $i\in\{2,\ldots,n-1\}$ 가 존재한다.

$$(a_i-a_{i-1})(a_i-a_{i+1})\ge 0 \tag{7.14}$$

그러면 $\dfrac{a_{i-1}}{a_i}+\dfrac{a_i}{a_{i+1}}\le\dfrac{a_{i-1}}{a_{i+1}}+2,$ 이다. 왜냐 하면 다음이 성립하기 때문이다.

$$(a_i-a_{i-1})(a_i-a_{i+1})\le|a_i-a_{i-1}||a_i-a_{i+1}|<1<a_ia_{i+1}$$

살펴본 것과 수학적 귀납법의 가정으로부터 다음이 성립한다.

$$\frac{a_1}{a_2}+\frac{a_2}{a_3}+\ldots+\frac{a_{i-1}}{a_i}+\frac{a_i}{a_{i+1}}+\ldots+\frac{a_{n-1}}{a_n}+\frac{a_n}{a_1}\le\frac{a_1}{a_2}+\ldots$$

$$+\frac{a_{i-2}}{a_{i-1}}+\frac{a_{i-1}}{a_{i+1}}+\frac{a_{i+1}}{a_{i+2}}+\ldots+\frac{a_n}{a_1}+2<2(n-1)-1+2=2n-1$$

왜냐 하면, 조건 (7.14) 로부터

$|a_{i-1}-a_{i+1}|\le\max(|a_i-a_{i-1}|,|a_i-a_{i+1}|)<1$ 이 유도된다.

(b) 만약 $(a_i-a_{i-1})(a_i-a_{i+1})<0,\ \ i=2,\ldots,n-1$ 이면, $a_1<a_2<\ldots<a_n$ 또는 $a_1>a_2>\ldots>a_n$ 이다.

첫 번째 경우에 $\dfrac{a_1}{a_2}+\dfrac{a_2}{a_3}+\ldots+\dfrac{a_{n-1}}{a_n}+\dfrac{a_n}{a_1}\le\underbrace{1+\ldots+1}_{n-1}+\dfrac{a_n}{a_1}<2n-1$ 이다.

왜냐 하면, 다음이 성립하기 때문이다.

$$a_n=(a_n-a_{n-1})+(a_{n-1}-a_{n-2})+\ldots+(a_2-a_1)+a_1<na_1$$

두 번째 경우에 $\dfrac{a_1}{a_2}+\dfrac{a_2}{a_3}+\ldots+\dfrac{a_{n-1}}{a_n}+\dfrac{a_n}{a_1}\le\underbrace{2+\ldots+2}_{n-1}+1=2n-1$ 이다.

왜냐 하면, 다음이 성립하기 때문이다.

$$a_i = a_{i+1} + |a_{i+1} - a_i| < a_{i+1} + 1 < 2a_{i+1}, \quad i = 1, \ldots, n-1$$

7.22. (a) $n = 1$인 경우에 $\frac{\sqrt{x_2 - 1}}{x_2} \le \frac{1}{2}$ 또는 $(x_2 - 2)^2 \ge 0$ 이 성립한다.

$n = k$ 인 경우에 부등식이 성립한다고 가정하고, $n = k+1$ 에 대해 부등식을 증명하자.

$1 = x_1 \le x_2 \le \ldots \le x_{k+1} \le x_{k+2}$ 일 때에 다음을 증명하면 된다.

$$\frac{\sqrt{x_2 - x_1}}{x_2} + \frac{\sqrt{x_3 - x_2}}{x_3} + \ldots + \frac{\sqrt{x_{k+2} - x_{k+1}}}{x_{k+2}} \le \frac{\sqrt{4k+1}}{2}$$

$k+1$ 개의 수들 $1 \le \frac{x_3}{x_2} \le \ldots \le \frac{x_{k+2}}{x_2}$ 에 대해, 다음이 성립한다.

$$\frac{\sqrt{\frac{x_3}{x_2} - 1}}{\frac{x_3}{x_2}} + \ldots + \frac{\sqrt{\frac{x_{k+2}}{x_2} - \frac{x_{k+1}}{x_2}}}{\frac{x_{k+1}}{x_2}} \le \frac{\sqrt{4k-3}}{2}$$

결국, 다음을 얻을 수 있다(4장의 부등식 (4.1)을 참고할 것).

$$\frac{\sqrt{x_2 - x_1}}{x_2} + \frac{\sqrt{x_3 - x_2}}{x_3} + \ldots + \frac{\sqrt{x_{k+2} - x_{k+1}}}{x_{k+2}}$$

$$\le \frac{\sqrt{x_2 - x_1}}{x_2} + \frac{1}{\sqrt{x_2}} \left(\frac{\sqrt{\frac{x_3}{x_2} - 1}}{\frac{x_3}{x_2}} + \ldots + \frac{\sqrt{\frac{x_{k+2}}{x_2} - \frac{x_{k+1}}{x_2}}}{\frac{x_{k+2}}{x_2}} \right)$$

$$\le \frac{\sqrt{x_2 - x_1}}{x_2} \cdot 1 + \frac{1}{\sqrt{x_2}} \frac{\sqrt{4k-3}}{2}$$

$$\le \sqrt{\left(\left(\frac{\sqrt{x_2 - x_1}}{x_2}\right)^2 + \left(\frac{1}{\sqrt{x_2}}\right)^2\right)\left(1^2 + \left(\frac{\sqrt{4k-3}}{2}\right)^2\right)}$$

$$= \sqrt{\frac{2x_2 - 1}{x_2^2} \cdot \frac{4k+1}{4}} \le \frac{\sqrt{4k+1}}{2}$$

주어진 부등식이 $n = k+1$ 에 대해 성립한다는 것이 증명되었다.

(b) $n = 1$ 인 경우에 $\frac{\sqrt{x_2 - x_1}}{x_2} \le \frac{1}{2} < 1$ 이 성립한다.

$n = k$ 인 경우에 주어진 부등식이 성립한다고 가정하고, $n = k+1$ 일 때에 부등식을 증명하자. $1 = x_1 \le x_2 \le \ldots \le x_{k+1} \le x_{k+2}$ 가 자연수라고 하자. 그러면 다음이 성립한다.

$$\frac{\sqrt{x_2 - x_1}}{x_2} + \frac{\sqrt{x_3 - x_2}}{x_3} + \ldots + \frac{\sqrt{x_{k+2} - x_{k+1}}}{x_{k+2}}$$

$$\le \frac{x_2 - x_1}{x_2} + \frac{x_3 - x_2}{x_3} + \ldots + \frac{x_{k+2} - x_{k+1}}{x_{k+2}}$$

$$\le \left(\frac{1}{x_1 + 1} + \ldots + \frac{1}{x_2}\right) + \left(\frac{1}{x_2 + 1} + \ldots + \frac{1}{x_3}\right) + \ldots + \left(\frac{1}{x_{k+1} + 1} + \ldots + \frac{1}{x_{k+2}}\right)$$

$$\le \frac{1}{2} + \frac{1}{3} + \ldots + \frac{1}{x_{k+2}}$$

만약 $x_{k+2} \le (k+1)^2$ 이면,

$\frac{1}{2} + \frac{1}{3} + \ldots + \frac{1}{x_{k+2}} \le \frac{1}{2} + \ldots + \frac{1}{(k+1)^2} < 1 + \frac{1}{2} + \ldots + \frac{1}{(k+1)^2}$ 이다.

결국 부등식이 $n = k+1$ 인 경우에 성립한다.

만약 $x_{k+2} > (k+1)^2$ 이면, 다음이 성립한다.

$$\frac{\sqrt{x_{k+2}-x_{k+1}}}{x_{k+2}} \le \frac{\sqrt{x_{k+2}-1}}{x_{k+2}}$$

$$=\sqrt{\frac{1}{x_{k+2}}-\left(\frac{1}{x_{k+2}}\right)^2} < \sqrt{\frac{1}{(k+1)^2}-\frac{1}{(k+1)^4}} = \frac{\sqrt{k^2+2k}}{(k+1)^2}$$

그러면, 다음이 얻어진다.

$$\frac{\sqrt{x_2-x_1}}{x_2}+\ldots+\frac{\sqrt{x_{k+1}-x_k}}{x_{k+1}}+\frac{\sqrt{x_{k+2}-x_{k+1}}}{x_{k+2}}$$

$$\le 1+\frac{1}{2}+\ldots+\frac{1}{k^2}+\frac{\sqrt{x_{k+2}-x_{k+1}}}{x_{k+2}}$$

$$\le 1+\frac{1}{2}+\ldots+\frac{1}{k^2}+\frac{\sqrt{k^2+2k}}{(k+1)^2} < 1+\frac{1}{2}+\ldots+\frac{1}{k^2}+\frac{2k+1}{(k+1)^2}$$

$$=1+\frac{1}{2}+\ldots+\frac{1}{k^2}+\underbrace{\frac{1}{(k+1)^2}+\ldots+\frac{1}{(k+1)^2}}_{2k+1} < 1+\frac{1}{2}+\frac{1}{3}+\ldots+\frac{1}{(k+1)^2}$$

주어진 부등식이 $n=k+1$ 에 대해 성립한다는 것이 증명되었다.

참고. 만약 $1=x_1 \le x_2 \le \ldots \le x_n \le x_{n+1}$ 이 자연수이면, 다음이 성립한다.

$$\frac{\sqrt{x_2-x_1}}{x_2}+\ldots+\frac{\sqrt{x_{n+1}-x_n}}{x_{n+1}} \le \left(\sum_{i=1}^{n^2}\frac{1}{i}\right)-\frac{1}{2}$$

7.23. 수학적 귀납법으로 증명하자.

$n=1$ 일 때에 $0<\alpha_1 \le \beta_1 \le \pi$ 이 성립하며 $\dfrac{\cos\beta_1}{\sin\alpha_1} \le \dfrac{\cos\alpha_1}{\sin\alpha_1}$ 이다. $n=2$ 일

때에 $\alpha_1 > 0,\ \alpha_2 > 0,\ \beta_1 \geq 0,\ \beta_2 \geq 0$ 이고 $\alpha_1 + \alpha_2 \leq \beta_1 + \beta_2 \leq \pi$ 이며, 다음을 증명하면 된다.

$$\frac{\cos\beta_1}{\sin\alpha_1} + \frac{\cos\beta_2}{\sin\alpha_2} \leq \frac{\cos\alpha_1}{\sin\alpha_1} + \frac{\cos\alpha_2}{\sin\alpha_2}$$

α_1 과 α_2 는 상수라고 하자. $\alpha_1 + \alpha_2 \leq x_1 + x_2 \leq \pi$, $x_1 \geq 0, x_2 \geq 0$ 일 때에 식 $\dfrac{\cos x_1}{\sin\alpha_1} + \dfrac{\cos x_2}{\sin\alpha_2}$ 를 생각하자. 이 식이 $x_1 = \beta_1$, $x_2 = \beta_2$ 일 때에 최댓값을 가진다고 하자.

$\alpha_1 \leq \alpha_2$ 이라 하자. 그러면 $\beta_1 \leq \beta_2$ 라고 할 수 있다. 만약 그렇지 않으면, $\cos\beta_1 < \cos\beta_2$ 가 성립하며, 결국 다음이 성립한다.

$(\cos\beta_1 - \cos\beta_2)(\sin\alpha_2 - \sin\alpha_1) \leq 0$ 또는

$$\frac{\cos\beta_1}{\sin\alpha_1} + \frac{\cos\beta_2}{\sin\alpha_2} \leq \frac{\cos\beta_2}{\sin\alpha_1} + \frac{\cos\beta_1}{\sin\alpha_2}$$

만약 $\beta_1 = 0$ 이면, 다음이 성립한다.

$$\frac{\cos\beta_1}{\sin\alpha_1} + \frac{\cos\beta_2}{\sin\alpha_2} - \frac{\cos\alpha_1}{\sin\alpha_1} - \frac{\cos\alpha_2}{\sin\alpha_2} \leq \frac{1}{\sin\alpha_1} + \frac{\cos(\alpha_1+\alpha_2)}{\sin\alpha_2} - \frac{\cos\alpha_1}{\sin\alpha_1} - \frac{\cos\alpha_2}{\sin\alpha_2}$$

$$= \tan\frac{\alpha_1}{2} - \frac{2\sin\frac{\alpha_1}{2}\sin(\frac{\alpha_1}{2}+\alpha_2)}{\sin\alpha_2} = -\frac{\sin^2\frac{\alpha_1}{2}\sin(\alpha_1+\alpha_2)}{\cos\frac{\alpha_1}{2}\sin\alpha_2} \leq 0$$

만약 $0 < \beta_1 \leq \beta_2$ 이면, β_1 의 값을 작게 하면 식 $\dfrac{\cos\beta_1}{\sin\alpha_1} + \dfrac{\cos\beta_2}{\sin\alpha_2}$ 의 값은 증가된다. 그러므로 $\beta_1 + \beta_2 = \alpha_1 + \alpha_2$ 이다. $\dfrac{\sin\beta_1}{\sin\alpha_1} = \dfrac{\sin\beta_2}{\sin\alpha_2}$ 를 증명하자.

함수 $f(x)=\dfrac{\cos(\beta_1+x)}{\sin\alpha_1}+\dfrac{\cos(\beta_2-x)}{\sin\alpha_2}$ 가 구간 $[-\beta_1;\beta_2]$ 의 점 $x=0$ 에서 최댓값을 가지므로, 페르마 정리에 의해 $f'(0)=-\dfrac{\sin\beta_1}{\sin\alpha_1}+\dfrac{\sin\beta_2}{\sin\alpha_2}=0$ 이다.

보조정리.

만약 $\alpha_i>0,\ \beta_i>0,\ i=1,\ldots,n,\ \ \alpha_1+\ldots+\alpha_n=\beta_1+\ldots+\beta_n\le\pi$ 이고,

$$\frac{\sin\beta_1}{\sin\alpha_1}=\ldots=\frac{\sin\beta_n}{\sin\alpha_n}=\lambda \tag{7.15}$$

이면, $\lambda=1$ 이다.

증명. $\lambda\neq1$ 이라 하면, $\lambda<1$ 이라 할 수 있다. $\alpha_1\le\ldots\le\alpha_n$ 이라 하면, 조건 (7.15) 로부터 $\beta_1\le\ldots\le\beta_n,\ \beta_1<\alpha_1,\ \ldots\ ,\beta_{n-1}<\alpha_{n-1}\le\dfrac{\pi}{2}$ 이 유도된다.

다음을 생각하자.

$\sin(\beta_1+\beta_2)=\lambda(\sin\alpha_1\cos\beta_2+\sin\alpha_2\cos\beta_1)>\lambda(\sin\alpha_1\cos\alpha_2$

$+\sin\alpha_2\cos\alpha_1)=\lambda\sin(\alpha_1+\alpha_2)$

유사하게, 다음을 얻을 수 있다.

$\sin((\beta_1+\beta_2)+\beta_3)=\lambda(\sin(\beta_1+\beta_2)\cos\beta_3+\sin\beta_3\cos(\beta_1+\beta_2))>$

$>\lambda(\sin(\alpha_1+\alpha_2)\cos\beta_3+\sin\alpha_3\cos(\beta_1+\beta_2))$

$>\lambda(\sin(\alpha_1+\alpha_2)\cos\alpha_3+\sin\alpha_3\cos(\alpha_1+\alpha_2))=\lambda\sin(\alpha_1+\alpha_2+\alpha_3)$

일반적으로 $\sin(\beta_1+\ldots+\beta_{n-1})>\lambda\sin(\alpha_1+\ldots+\alpha_{n-1})$ 이다.

결국 $\varphi=\alpha_1+\ldots+\alpha_n=\beta_1+\ldots+\beta_n$ 일 때에

$\sin(\varphi-\beta_n)>\dfrac{\sin\beta_n}{\sin\alpha_n}\sin(\varphi-\alpha_n)$ 이다. 그러므로 다음이 성립한다.

$\sin\alpha_n \sin(\varphi-\beta_n) > \sin\beta_n \sin(\varphi-\alpha_n)$ 또는

$\sin\alpha_n \sin\varphi\cos\beta_n - \sin\alpha_n \sin\beta_n \cos\varphi$

$> \sin\beta_n \sin\varphi\cos\alpha_n - \sin\beta_n \sin\alpha_n \cos\varphi$, $\sin\varphi\sin(\alpha_n-\beta_n) > 0$

$0<\varphi\le\pi$ 이므로, $\varphi\ne\pi$ 이고 $\sin\varphi>0$ 이다. 그러면 $\alpha_n-\beta_n>0$ 이고 $\alpha_n>\beta_n$ 이다.

이와 같이 $\beta_1<\alpha_1$, ... ,$\beta_{n-1}<\alpha_{n-1}$, $\beta_n<\alpha_n$ 인데, $\beta_1+\ldots+\beta_n<\alpha_1+\ldots+\alpha_n$ 이므로 이것은 성립하지 않는다. 결국 $\lambda=1$ 이며, 보조정리가 증명된다.

$\sin\alpha_1=\sin\beta_1$, $\sin\alpha_2=\sin\beta_2$ 이므로, $\alpha_1=\beta_1$, $\alpha_2=\beta_2$ 또는 $\alpha_1=\beta_1$, $\pi-\alpha_2=\beta_2$ $\left(\alpha_1+\alpha_2=\alpha_1+\pi-\alpha_2,\ \alpha_2=\frac{\pi}{2}\right.$, 즉 $\left.\alpha_2=\beta_2\right)$이다.

결국 $\dfrac{\cos\beta_1}{\sin\alpha_1}+\dfrac{\cos\beta_2}{\sin\alpha_2}=\dfrac{\cos\alpha_1}{\sin\alpha_1}+\dfrac{\cos\alpha_2}{\sin\alpha_2}$ 이다.

이제 $n\ge3$ 이며 부등식이 $n-1$ 에 대해 성립한다고 하자. 이 부등식이 n 에 대해 성립한다는 것을 보이자. $0<\alpha_1\le\ldots\le\alpha_n$ 은 상수라고 하자.

$\alpha_1+\ldots+\alpha_n\le x_1+\ldots+x_n\le\pi$, $x_1\ge0,\ldots,x_n\ge0$ 일 때에

식 $\dfrac{\cos x_1}{\sin\alpha_1}+\ldots+\dfrac{\cos x_n}{\sin\alpha_n}$ 을 생각하여, 이 식이 $x_1=\beta_1$, ... , $x_n=\beta_n$ 일 때에 최댓값을 가진다고 하자. 그러면 $\beta_1\le\beta_2\le\ldots\le\beta_n$ ($n=2$ 인 경우 참고)이다.

$\beta_1>0$ 이라고 할 수 있다. 그렇지 않으면 $n-1$ 에 대해 다음이 성립한다.

$$\frac{\cos\beta_2}{\sin(\alpha_1+\alpha_2)}+\frac{\cos\beta_3}{\sin\alpha_3}+\ldots+\frac{\cos\beta_n}{\sin\alpha_n}\le\frac{\cos(\alpha_1+\alpha_2)}{\sin(\alpha_1+\alpha_2)}+\frac{\cos\alpha_3}{\sin\alpha_3}+\ldots+\frac{\cos\alpha_n}{\sin\alpha_n} \tag{7.16}$$

다음을 생각하자.

$$\frac{1}{\sin\alpha_1}+\frac{\cos\beta_2}{\sin\alpha_2}-\frac{\cos\alpha_1}{\sin\alpha_1}-\frac{\cos\alpha_2}{\sin\alpha_2}\le\frac{\cos\beta_2}{\sin(\alpha_1+\alpha_2)}-\frac{\cos(\alpha_1+\alpha_2)}{\sin(\alpha_1+\alpha_2)} \tag{7.17}$$

실제로 다음이 성립한다.

$$\cos\beta_2\left(\frac{1}{\sin\alpha_2}-\frac{1}{\sin(\alpha_1+\alpha_2)}\right)\le\frac{1}{\sin\alpha_1}-\frac{1}{\sin(\alpha_1+\alpha_2)},$$

$$(\alpha_2+(\alpha_1+\alpha_2)\le\alpha_1+\alpha_2+\alpha_3\le\pi,\ \ \sin(\alpha_1+\alpha_2)\ge\sin\alpha_2)$$

그러므로 다음을 보이면 된다.

$$\frac{1-\cos\alpha_1}{\sin\alpha_1}+\frac{1-\cos\alpha_2}{\sin\alpha_2}-\frac{1-\cos(\alpha_1+\alpha_2)}{\sin(\alpha_1+\alpha_2)}\le 0 \ \text{ 또는}$$

$$\tan\frac{\alpha_1}{2}+\tan\frac{\alpha_2}{2}-\tan\left(\frac{\alpha_1}{2}+\frac{\alpha_2}{2}\right)\le 0,$$

$$\frac{-\left(\tan\frac{\alpha_1}{2}+\tan\frac{\alpha_2}{2}\right)\tan\frac{\alpha_1}{2}\tan\frac{\alpha_2}{2}}{1-\tan\frac{\alpha_1}{2}\tan\frac{\alpha_2}{2}}\le 0$$

$0<\frac{\alpha_1}{2}\le\frac{\alpha_2}{2}<\frac{\pi}{4}$ 이므로, 마지막 부등식이 성립한다.

부등식 (7.16) 와 (7.17) 을 더하면, n 에 대한 부등식이 얻어진다.

이와 같이, $0<\beta_1\le\beta_2\le\ldots\le\beta_n$ 이며, β_1 이 감소하면 식 $\frac{\cos\beta_1}{\sin\alpha_1}+\ldots+\frac{\cos\beta_n}{\sin\alpha_n}$ 의 값은 증가된다. 그러므로

$\alpha_1+\ldots+\alpha_n=\beta_1+\ldots+\beta_n$ 이다. 그러면 $\frac{\sin\beta_1}{\sin\alpha_1}=\ldots=\frac{\sin\beta_n}{\sin\alpha_n}$ ($n=2$ 인 경우 참고)이고, 결국 보조정리에 의해 $\alpha_1=\beta_1,\ \ldots,\ \alpha_n=\beta_n$ 이다.

7.24. 우선 수학적 귀납법으로, $a>0$, $n\in N$ 에 대해 다음 부등식을 증명하자.

$$2(1+a^{n+1})^3 \ge (1+a^3)(1+a^n)^3 \qquad (7.18)$$

$n=1$ 인 경우에 $2(1+a^2)^3 \ge (1+a^3)(1+a)^3$ 을 증명해야 하는데, 이것은 자명한 부등식 $(a-1)^4(a^2+a+1)\ge 0$ 과 동치이다.

$n=k$ 인 경우에 부등식이 성립한다고 가정하고, $n=k+1$ 인 경우에 대해 증명하자. $2(1+a^{k+1})^3 \ge (1+a^3)(1+a^k)^3$ 이며, $(1+a^{k+2})(1+a^k)\ge(1+a^{k+1})^2$ 이므로 다음이 성립한다.

$$2(1+a^{k+2})^3 = 2(1+a^{k+1})^3\cdot\left(\frac{1+a^{k+2}}{1+a^{k+1}}\right)^3 \ge (1+a^k)^3(1+a^3)\cdot\left(\frac{1+a^{k+1}}{1+a^k}\right)^3$$

$$=(1+a^3)(1+a^{k+1})^3$$

결국 $2(1+a^{k+2})^3 \ge (1+a^3)(1+a^{k+1})^3$ 이다. 이와 같이, 부등식 (7.18)이 성립한다.

$(1^3+a^3)(1^3+b^3)(1^3+c^3)\ge(1+abc)^3$ (예제 6.2 참고)와 다음 부등식을 생각하자.

$$(2(a^{2012}+1)(b^{2012}+1)(c^{2012}+1))^3 = 2(a^{2012}+1)^3\cdot 2(b^{2012}+1)^3\cdot 2(c^{2012}+1)^3 \ge$$
$$\ge (1+a^3)(1+a^{2011})^3\cdot(1+b^3)(1+b^{2011})^3\cdot(1+c^3)(1+c^{2011})^3 \ge$$
$$\ge ((1+abc)(a^{2011}+1)(b^{2011}+1)(c^{2011}+1))^3$$

결국

$2(a^{2012}+1)(b^{2012}+1)(c^{2012}+1)\ge(1+abc)(a^{2011}+1)(b^{2011}+1)(c^{2011}+1)$ 이 성립한다.

7.25. (a) 부등식 $b_1^2 \ge b_2$ 은 연습문제 2.2의 부등식으로부터 얻어진다.

(b) $b_0 = 1, b_{n+1} = 0$ 이라 하자. 그러면 $k = 1, 2, \ldots, n$ 일 때에 $b_k^2 \ge b_{k-1}b_{k+1}$ 을 증명하면 된다.

수 $a_1, \ldots, a_n$ 에 대해 수 $b_1, \ldots, b_n$ 과 $\overline{b}_0 = 1, \overline{b}_n = 0$ 이 정의된 것과 유사한 방법으로, 수 $a_1, \ldots, a_{n-1}$ 에 대해 수 $\overline{b}_1, \ldots, \overline{b}_{n-1}$ 이 정의하자. $n = 2$ 인 경우에 다음이 성립한다.

$$b_0 = 1, b_1 = \frac{a_1 + a_2}{2}, b_2 = a_1 a_2, b_3 = 0$$

그러므로 $b_1^2 \ge b_0 b_2$, $b_2^2 \ge b_1 b_3$ 이다.

이 명제가 $n-1$ 개의 수에 대해 성립한다고 가정하고, 이것이 $n(n \ge 3)$ 개의 수에 대해 성립함을 증명하자.

$k = 1, 2, \ldots, n$ 일 때에

$$b_k = \frac{\overline{b}_k C_{n-1}^k + \overline{b}_{k-1} C_{n-1}^{k-1} a_n}{C_n^k} = \frac{n-k}{n}\overline{b}_k + \frac{k}{n}\overline{b}_{k-1} \cdot a_n \text{ 이다.}$$

$k = 2, \ldots, n-1$ 일 때에, 다음이 성립한다.

$$n^2(b_k^2 - b_{k-1}b_{k+1}) = \left((n-k)\overline{b}_k + k\overline{b}_{k-1} \cdot a_n\right)^2$$

$$-\left((n-k+1)\overline{b}_{k-1} + (k-1)\overline{b}_{k-2} \cdot a_n\right)\left((n-k-1)\overline{b}_{k+1} + (k+1)\overline{b}_k \cdot a_n\right)$$

$$= \left((n-k)^2 - 1\right)(\overline{b}_k^2 - \overline{b}_{k-1}\overline{b}_{k+1}) + (k^2 - 1)a_n^2(\overline{b}_{k-1}^2 - \overline{b}_{k-2}\overline{b}_k)$$

$$+(k-1)(n-k-1)(\overline{b}_k \overline{b}_{k-1} - \overline{b}_{k-2}\overline{b}_{k+1})a_n \ge 0$$

이때 $\overline{b}_k^2 \cdot \overline{b}_{k-1}^2 \ge \overline{b}_{k-1}\overline{b}_{k+1} \cdot \overline{b}_{k-2}\overline{b}_k$ 이므로, $b_k^2 - b_{k-1}b_{k+1} \ge 0$ 이다.

내 힘으로 해결하기

다음 부등식을 증명하여라(1-20).

1. $n \ge 2,\ 0 < a_1 \le \ldots \le a_n$ 에 대해, $\left(\frac{a_2}{a_1} - \frac{a_1}{a_2}\right) + \ldots + \left(\frac{a_n}{a_{n-1}} - \frac{a_{n-1}}{a_n}\right) \le \frac{a_n}{a_1} - \frac{a_1}{a_n}$

2. $a_1 > -1, \ldots, a_n > -1$ 이며, 수 $a_1, \ldots, a_n$ 이 같은 부호 일 때에

$(1+a_1)\cdot \ldots \cdot (1+a_n) \ge 1 + a_1 + \ldots + a_n$

3. $C = (a_1 - b_1)^2 + \ldots + (a_n - b_n)^2,\ D = (a_1 - b_n)^2 + (a_2 - b_n)^2 + \ldots + (a_n - b_n)^2,$

$b_k = \frac{a_1 + \ldots + a_k}{k},\ k = 1, \ldots, n$ 에 대해, $C \le D \le 2C$

4. $n \ge 3,\ n \in N$ 에 대해, $\sqrt[n]{n} > \sqrt[n+1]{n+1}$

5. $k \le n,\ n, k \in N$ 에 대해, $\left(1 + \frac{1}{n}\right)^k < 1 + \frac{k}{n} + \frac{k^2}{n^2}$

6. $k \in N$ 에 대해, $1 - x + \frac{x^2}{2!} - \frac{x^3}{3!} + \ldots + \frac{x^{2k}}{(2k)!} > 0$

7. $0 < a_1 \le \ldots \le a_n$ 에 대해, $\sum_{i=1}^{n} \frac{1}{a_i} \le \frac{1}{a_1 a_n}\left(n(a_1 + a_n) - \sum_{i=1}^{n} a_i\right)$

8. $a_1 < \ldots < a_n$, $n > k$, $n, k \in N$ 에 대해,

$$\frac{a_1 + \ldots + a_k}{k} < \frac{a_1 + \ldots + a_n}{n} < \frac{a_{k+1} + \ldots + a_n}{n-k}$$

9. $a_1 \ge a_2 \ge \ldots \ge a_{2n+1} \ge 0$ 에 대해,

$$a_1^2 - a_2^2 + \ldots - a_{2n}^2 + a_{2n+1}^2 \ge \left(a_1 - a_2 + \ldots - a_{2n} + a_{2n+1}\right)^2$$

10. $n \ge 2$ 에 대해,

$$x_1 + x_1\left(x_2 - x_1\right) + \ldots + x_{n-1}\left(x_n - x_{n-1}\right) \le \frac{(n-1)x_n^2 + 2x_n + n - 1}{2n}$$

11. $n \ge 5$, $n \in N$ 에 대해, $1^1 \cdot \ldots \cdot n^n > (2n)!$

12. $m_1, \ldots, m_n \in Z_0$, $m_1 + \ldots + m_n = S$ 에 대해, $\dfrac{(2m_1)!}{m_1!} \cdot \ldots \cdot \dfrac{(2m_n)!}{m_n!} \ge 2^S$

13. $a > 0, b > 0$, $n \in N$ 에 대해, $\dfrac{1}{a+b} + \ldots + \dfrac{1}{a+nb} < \dfrac{n}{\sqrt{a(a+nb)}}$

14. $n \ge 2$, $n \in N$ 에 대해, $\displaystyle\sum_{k=1}^{n-1} \frac{n}{n-k} \cdot \frac{1}{2^{k-1}} < 4$

15. (a) $k, n \in N$, $(k-1)^2 < n$ 에 대해, $\left(1 + \dfrac{1}{n}\right)^k < 1 + \dfrac{k}{n} + \dfrac{k^2}{2n^2}$

(b) $n \in N$ 에 대해, $\left(1 + \dfrac{1}{n}\right)^n \left(1 + \dfrac{1}{4n}\right) < \left(1 + \dfrac{1}{n+1}\right)^{n+1} \left(1 + \dfrac{1}{4(n+1)}\right)$

16. $n \in N$ 에 대해, $\sum_{i=0}^{n} \left|\cos 2^i x\right| \geq \frac{n}{2}$

17. (a) $n \in N$, $0 \leq \alpha \leq \pi$ 에 대해, $\sin\alpha + \frac{\sin 2\alpha}{2} + \ldots + \frac{\sin n\alpha}{n} \geq 0$

(b) $n \in N$ 에 대해, $\cos\alpha + \frac{\cos 2\alpha}{2} + \ldots + \frac{\cos n\alpha}{n} \geq -1$

18. (a) $0 < x_1 \leq \ldots \leq x_n$, $n \geq 2$ 에 대해, $\frac{x_1}{x_2} + \frac{x_2}{x_3} + \ldots + \frac{x_n}{x_1} \geq \frac{x_2}{x_1} + \frac{x_3}{x_2} + \ldots + \frac{x_1}{x_n}$

(b) $x_1 > 0, \ldots, x_n > 0$, $x_1 \cdot \ldots \cdot x_n = 1$ 에 대해, $x_1^3 + \ldots + x_n^3 \geq x_1 + \ldots + x_n$

참고. $\frac{x_1^3}{1\cdot(x_1 + \ldots + x_n)} + \ldots + \frac{x_n^3}{1\cdot(x_1 + \ldots + x_n)} \geq \frac{(x_1 + \ldots + x_n)^3}{n \cdot n(x_1 + \ldots + x_n)}$ 을 생각하자.

19. $n \geq 2$, $a_1 > 0, \ldots, a_n > 0$, $a_1 + \ldots + a_n = 1$ 에 대해,

$(1+a_1)(2+a_2)\cdot\ldots\cdot(n+a_n) \leq 2 \cdot n!$

참고. $a_i = i\alpha_i, i = 1, \ldots, n$, $\alpha_1 + 2\alpha_2 + \ldots + n\alpha_n = 1$ 에 대해, 다음을 증명하면 된다.

$(1+\alpha_1)(1+\alpha_2)\cdot\ldots\cdot(1+\alpha_n) \leq 2$

그리고 $(n-1)\alpha_{n-1} + n\alpha_n = (n-1)\beta_{n-1}$ 이면 $(1+\alpha_{n-1})(1+\alpha_n) \leq 1 + \beta_{n-1}$ 임을 생각하자.

20. $n \ge 2,\ n \in N,\ 0 < a < 1,\ 0 \le k_1 \le \ldots \le k_n,\ k_1, k_2, \ldots, k_n \in Z$ 에 대해,

$$(1-a)(a^{k_1} + a^{k_2} + \ldots + a^{k_n})^2 < (1+a)(a^{2k_1} + a^{2k_2} + \ldots + a^{2k_n})$$

참고. $a^{k_1}(a^{k_2} + \ldots + a^{k_n}) < a^{2k_1+1} + a^{2k_1+2} + \ldots = \dfrac{a^{2k_1+1}}{1-a}$ 을 생각하자.

21. $a_1 + \ldots + a_n = b_1 + \ldots + b_n$ 인 임의의 양수 $a_1, \ldots, a_n, b_1, \ldots, b_n$ 에 대해, 부등식 $\dfrac{a_1 - b_1}{a_1 + b_1} + \ldots + \dfrac{a_n - b_n}{a_n + b_n} < C$ 가 성립한다. 이때 임의의 자연수 $n > 1$ 에 대해 최솟값 C 를 구하여라.

08
한 가지 부등식의 이용

다음 예들을 살펴보자.

예제

8.1. $a>0, b>0, c>0, d>0$ 에 대해 다음 부등식을 증명하여라.

$$\frac{12}{a+b+c+d} \le \frac{1}{a+b}+\frac{1}{a+c}+\frac{1}{a+d}+\frac{1}{b+c}+\frac{1}{b+d}+\frac{1}{c+d}$$

$$\le \frac{3}{4}\left(\frac{1}{a}+\frac{1}{b}+\frac{1}{c}+\frac{1}{d}\right)$$

증명. $x>0, y>0$ 에 대해, 어렵지 않게 다음을 확인할 수 있다.

$$\frac{1}{x}+\frac{1}{y} \ge \frac{4}{x+y} \tag{8.1}$$

부등식 (8.1)을 몇 번 사용하면, 다음을 얻을 수 있다.

$$3\left(\frac{1}{a}+\frac{1}{b}+\frac{1}{c}+\frac{1}{d}\right)$$

$$=\left(\frac{1}{a}+\frac{1}{b}\right)+\left(\frac{1}{a}+\frac{1}{c}\right)+\dots+\left(\frac{1}{c}+\frac{1}{d}\right)$$

$$\ge 4\left(\frac{1}{a+b}+\frac{1}{a+c}+\frac{1}{a+d}+\frac{1}{b+c}+\frac{1}{b+d}+\frac{1}{c+d}\right)$$

그리고 다음이 성립한다.

$$\left(\frac{1}{a+b}+\frac{1}{c+d}\right)+\left(\frac{1}{a+c}+\frac{1}{b+d}\right)+\left(\frac{1}{a+d}+\frac{1}{b+c}\right)\geq\frac{12}{a+b+c+d}$$

예제

8.2. $a>0, b>0, c>0$ 에 대해 다음 부등식을 증명하여라.

$$\frac{1}{a+b}+\frac{1}{b+c}+\frac{1}{a+c}\geq\frac{9}{2(a+b+c)}$$

증명. $x>0, y>0$ 에 대해 다음이 성립한다.

$$\frac{1}{x}+\frac{4}{y}\geq\frac{9}{x+y} \tag{8.2}$$

그러므로 $\frac{1}{a+b}+\frac{1}{b+c}+\frac{1}{a+c}\geq\frac{4}{a+b+b+c}+\frac{1}{a+c}\geq\frac{9}{2(a+b+c)}$ 이다.

이 두 가지 예제는 서로 닮았다. 이제 다음과 같은 생각을 할 수 있다: $b_1>0, b_2>0$ 에 대해 다음 부등식이 성립할까?

$$\frac{a_1^2}{b_1}+\frac{a_2^2}{b_2}\geq\frac{(a_1+a_2)^2}{b_1+b_2} \tag{8.3}$$

부등식 (8.3)을 $\frac{a_1^2b_2}{b_1}+\frac{a_2^2b_1}{b_2}\geq 2a_1a_2$ 인 꼴로 바꿀 수 있으며, 이 부등식은 자명하다(등호는 $\frac{a_1}{b_1}=\frac{a_2}{b_2}$ 일 때에 성립한다).

이제 부등식 (8.3)의 일반화인 다음 부등식을 수학적 귀납법으로 증명하는 것도 어렵지 않다. 즉 $b_i > 0,\ \ i = 1, \ldots, n$ 에 대해, 다음이 성립한다.

$$\frac{a_1^2}{b_1} + \ldots + \frac{a_n^2}{b_n} \geq \frac{\left(a_1 + \ldots + a_n\right)^2}{b_1 + \ldots + b_n} \qquad (8.4)$$

참고. 부등식 (8.4)에서 등호는 $\frac{a_1}{b_1} = \ldots = \frac{a_n}{b_n}$ 일 때에 성립한다.

아주 훌륭한 부등식을 얻었다. 그러나 이것은 코시-분야코프스키 부등식의 한 가지 표현 형식이다. 실제로 $x_i = \frac{a_i}{\sqrt{b_i}}$, $y_i = \sqrt{b_i}$ 로 치환하면, 다음의 코시-분야코프스키 부등식을 얻게 된다.

$$\left(x_1^2 + \ldots + x_n^2\right)\left(y_1^2 + \ldots + y_n^2\right) \geq \left(x_1 y_1 + \ldots + x_n y_n\right)^2$$

몇몇 부등식을 증명할 때에 (8.4)와 같은 형태가 훨씬 편리한 경우가 있다.

좀 더 일반화된 부등식을 만들어보자. a_i^2 을 두 인수의 곱으로 써 보자.

$n = 2$ 에 대해 얻어진 부등식을 증명하면서, 새로운 조건들이 얻어진다. 다음 조건들 $\frac{a_1}{c_1} \geq \ldots \geq \frac{a_n}{c_n}$, $\frac{b_1}{c_1} \geq \ldots \geq \frac{b_n}{c_n}$ ($\frac{a_i}{c_i}$ 와 $\frac{b_i}{c_i}$ 가 같은 순서를 가진다고도 말할 수 있다)와 $c_i > 0,\ \ i = 1, \ldots, n$ 이 만족될 때에, 다음 부등식이 성립한다.

$$\sum_{i=1}^{n} \frac{a_i b_i}{c_i} \geq \frac{\sum_{i=1}^{n} a_i \cdot \sum_{i=1}^{n} b_i}{\sum_{i=1}^{n} c_i} \qquad (8.5)$$

$a_i = b_i$ 라 놓으면 부등식 (8.5)는 부등식 (8.4)가 된다.

부등식 (8.5)의 증명을 위해, 다음 사실이 필요하다: 만약 $\frac{a_1}{c_1} \ge \ldots \ge \frac{a_n}{c_n}$,

$c_i > 0$, $i = 1, \ldots, n$ 이면, 모든 $k = 1, \ldots, n$ 에 대해 $\frac{a_1 + \ldots + a_k}{c_1 + \ldots + c_k} \ge \frac{a_n}{c_n}$ 이

성립한다(연습문제 1.11을 참고할 것).

부등식 (8.5)를 n 에 대한 수학적 귀납법으로 증명하자. $n = 2$ 이면, 부등식은 다음과 같이 된다.

$$\frac{a_1 b_1}{c_1} + \frac{a_2 b_2}{c_2} \ge \frac{(a_1 + a_2)(b_1 + b_2)}{c_1 + c_2}$$

또는

$$(a_1 c_2 - a_2 c_1)(b_1 c_2 - b_2 c_1) \ge 0$$

이 부등식은 조건 $\frac{a_1}{c_1} \ge \frac{a_2}{c_2}$ 와 $\frac{b_1}{c_1} \ge \frac{b_2}{c_2}$ 로부터 얻어진다.

부등식 (8.5)가 $n = k$ 에 대해 성립한다고 가정하자. 그러면 다음이 된다.

$$\frac{a_1 b_1}{c_1} + \ldots + \frac{a_k b_k}{c_k} \ge \frac{(a_1 + \ldots + a_k)(b_1 + \ldots + b_k)}{c_1 + \ldots + c_k}$$

위에서 기술한 사실과 $n = 2$ 일 때의 부등식으로부터 다음이 얻어진다.

$$\frac{a_1 b_1}{c_1} + \ldots + \frac{a_k b_k}{c_k} + \frac{a_{k+1} b_{k+1}}{c_{k+1}} \ge \frac{(a_1 + \ldots + a_k)(b_1 + \ldots + b_k)}{c_1 + \ldots + c_k} + \frac{a_{k+1} \cdot b_{k+1}}{c_{k+1}}$$
$$\ge \frac{(a_1 + \ldots + a_{k+1})(b_1 + \ldots + b_{k+1})}{c_1 + \ldots + c_{k+1}}$$

또는

$$\frac{a_1 b_1}{c_1} + \ldots + \frac{a_{k+1} b_{k+1}}{c_{k+1}} \ge \frac{(a_1 + \ldots + a_{k+1})(b_1 + \ldots + b_{k+1})}{c_1 + \ldots + c_{k+1}}$$

유사한 방법으로, $\frac{a_i}{c_i}$ 와 $\frac{b_i}{c_i}$ 가 역의 순서를 가지면, 부등식 (8.5)에서 부등호의 방향이 다음과 같이 바뀐다는 것을 증명할 수 있다.

$$\sum_{i=1}^{n}\frac{a_i b_i}{c_i} \le \frac{\sum_{i=1}^{n} a_i \cdot \sum_{i=1}^{n} b_i}{\sum_{i=1}^{n} c_i} \tag{8.5.1}$$

참고. 조건 $a_1 \ge \ldots \ge a_n$, $b_1 \ge \ldots \ge b_n$, $0 < c_1 \le \ldots \le c_n$ 이 만족되면 부등식 (8.5)의 조건들이 만족되며, 부등식 (8.5)가 성립한다.

부등식 (8.4)와 (8.5)로부터 잘 알려진 다음 부등식을 얻을 수 있다.

$\sum_{i=1}^{n}\frac{1}{c_i} \ge \frac{n^2}{\sum_{i=1}^{n} c_i}$, 이때 $c_i > 0$, $i = 1, \ldots, n$ 이다.

$$\frac{1}{n}\sum_{i=1}^{n} a_i^2 \ge \left(\frac{\sum_{i=1}^{n} a_i}{n}\right)^2 \tag{8.6}$$

$$\sum_{i=1}^{n} a_i b_i \ge \frac{1}{n}\sum_{i=1}^{n} a_i \cdot \sum_{i=1}^{n} b_i \tag{8.7}$$

이때 $a_1 \ge \ldots \ge a_n$, $b_1 \ge \ldots \ge b_n$ 이다(체비셰프 부등식).

부등식 (8.5)는 아름다운 부등식의 한 표현 형식이다.

$a_i = c_i x_i$, $b_i = c_i y_i$, $P_i = \frac{c_i}{\sum_{i=1}^{n} c_i}$ 로 치환하면, 이 부등식은 체비셰프 부등식의 한

변형이 된다: 만약 x_i 와 y_i 가 같은 순서를 가지고 $\sum_{i=1}^{n} P_i = 1,\quad P_i > 0,\ i = 1,...,n$ 이면,

평균 $Mz = \sum_{i=1}^{n} z_i P_i$ 에 대해 부등식 $Mx \cdot My \le M(xy)$ 가 성립한다.

결국 코시-분야코프스키 부등식은 체비셰프 부등식의 부분적인 경우라는 것을 알 수 있다.

부등식 (8.4)를 일반화하면, 다음 부등식이 얻어진다.

$$\frac{a_1^3}{b_1c_1} + \frac{a_2^3}{b_2c_2} + \ldots + \frac{a_n^3}{b_nc_n} \ge \frac{(a_1 + a_2 + \ldots + a_n)^3}{(b_1 + b_2 + \ldots + b_n)(c_1 + c_2 + \ldots + c_n)} \tag{8.8}$$

이때 $a_i \ge 0$, $b_i \ge 0$, $c_i \ge 0$, $i = 1, 2, \ldots, n$ 이다.

부등식 (8.8)은 다음의 코시-분야코프스키 부등식의 한 표현 형식이다.

$$(a_1^3 + a_2^3 + \ldots + a_n^3)(b_1^3 + b_2^3 + \ldots + b_n^3)(c_1^3 + c_2^3 + \ldots + c_n^3)$$
$$\ge (a_1b_1c_1 + a_2b_2c_2 + \ldots + a_nb_nc_n)^3 \tag{8.9}$$

이때 $a_i \ge 0$, $b_i \ge 0$, $c_i \ge 0$, $i = 1, 2, \ldots, n$ 이다.

실제로 부등식 (8.9)에서 치환 $a_i = \frac{x_i}{\sqrt[3]{y_i z_i}}$, $b_i = \sqrt[3]{y_i}$, $c_i = \sqrt[3]{z_i}$ 을 하면, 수 x_i , y_i , z_i 에 대한 부등식 (8.8)을 얻을 수 있다.

부등식 (8.9)의 증명을 위해 다음을 생각하자: 변수 $a_1, a_2, \ldots, a_n$ 를 변수 $\lambda a_1, \lambda a_2, \ldots, \lambda a_n$ 으로 바꾸면(이때 λ 는 임의의 양수), 동치인 부등식을 얻을 수 있다.

수 λ 는 $(\lambda a_1)^3 + (\lambda a_2)^3 + ... + (\lambda a_n)^3 = 1$ 이 만족되도록 잡는다. 이로부터, 일반성을 잃지 않고 $a_1^3 + a_2^3 + \ldots + a_n^3 = 1$, $b_1^3 + b_2^3 + \ldots + b_n^3 = 1$, $c_1^3 + c_2^3 + \ldots + c_n^3 = 1$ 이라 할 수

있으며, 결국 $1 \geq a_1b_1c_1 + a_2b_2c_2 + \ldots + a_nb_nc_n$ 을 증명하면 된다.

실제로 $x > 0$, $y > 0$, $z > 0$ 이면, 다음이 성립한다.

$$x^3 + y^3 + z^3 - 3xyz = \frac{1}{2}(x+y+z)\left((x-y)^2 + (y-z)^2 + (z-x)^2\right) \geq 0$$

결국 $a_ib_ic_i \leq \dfrac{a_i^3 + b_i^3 + c_i^3}{3}$, $i = 1, 2, \ldots, n$ 이다.

얻어진 모든 부등식들을 서로 더하면, $1 \geq a_1b_1c_1 + a_2b_2c_2 + \ldots + a_nb_nc_n$ 이 얻어진다.

이제 몇몇 예들을 살펴보자.

예제

8.3. $a > 0$, $b > 0$, $c > 0$ 에 대해 부등식 $\dfrac{a^3}{bc} + \dfrac{b^3}{ca} + \dfrac{c^3}{ab} \geq a + b + c$ 를 증명하여라.

증명. 부등식 (8.8)에 의해, 다음이 성립한다.

$$\frac{a^3}{bc} + \frac{b^3}{ca} + \frac{c^3}{ab} \geq \frac{(a+b+c)^3}{(b+c+a)(c+a+b)} = a+b+c$$

예제

8.4. $a > 0$, $b > 0$, $c > 0$, $x > 0$, $y > 0$, $z > 0$ 에 대해 다음 부등식을 증명하여라.

$$\frac{a^3}{x} + \frac{b^3}{y} + \frac{c^3}{z} \geq \frac{(a+b+c)^3}{3(x+y+z)}$$

증명. 부등식 (8.8)에 의해, 다음이 성립한다.

$$\frac{a^3}{x}+\frac{b^3}{y}+\frac{c^3}{z}=\frac{a^3}{1\cdot x}+\frac{b^3}{1\cdot y}+\frac{c^3}{1\cdot z}\ge\frac{(a+b+c)^3}{(1+1+1)(x+y+z)}=\frac{(a+b+c)^3}{3(x+y+z)}$$

예제

8.5. $a>0$, $b>0$, $c>0$, $a^2+b^2+c^2=3abc$ 에 대해 다음 부등식을 증명하여라.

$$\frac{a}{b^2c^2}+\frac{b}{c^2a^2}+\frac{c}{a^2b^2}\ge\frac{9}{a+b+c}$$

증명. $\frac{a}{b^2c^2}+\frac{b}{c^2a^2}+\frac{c}{a^2b^2}=\frac{(a^2)^3}{a^2\cdot a^3b^2c^2}+\frac{(b^2)^3}{b^2\cdot a^2b^3c^2}+\frac{(c^2)^3}{c^2\cdot a^2b^2c^3}$ 이므로, 부등식 (8.8)에 의해 다음이 성립한다.

$$\frac{a}{b^2c^2}+\frac{b}{c^2a^2}+\frac{c}{a^2b^2}\ge\frac{(a^2+b^2+c^2)^3}{(a^2+b^2+c^2)(a^3b^2c^2+a^2b^3c^2+a^2b^2c^3)}=\frac{9}{a+b+c}$$

연습문제

다음 부등식을 증명하여라(8.1-8.8).

8.1. $x_1>0, x_2>0, x_3>0$ 에 대해, $\frac{x_1}{x_2+x_3}+\frac{x_2}{x_3+x_1}+\frac{x_3}{x_1+x_2}\ge\frac{3}{2}$

8.2. $a>0, b>0, c>0, d>0$ 에 대해, $\frac{a}{b+c}+\frac{b}{c+d}+\frac{c}{d+a}+\frac{d}{a+b}\ge 2$

8.3. $n \geq 4$, $x_1 > 0, \ldots , x_n > 0$ 에 대해,

$$\frac{x_1}{x_2 + x_n} + \frac{x_2}{x_3 + x_1} + \ldots + \frac{x_{n-1}}{x_n + x_{n-2}} + \frac{x_n}{x_1 + x_{n-1}} \geq 2$$

8.4. (a) $a > 0,\ b > 0,\ c > 0$ 에 대해,

$$\frac{x_1}{x_2 + x_n} + \frac{x_2}{x_3 + x_1} + \ldots + \frac{x_{n-1}}{x_n + x_{n-2}} + \frac{x_n}{x_1 + x_{n-1}} \geq 2$$

(b) $a > 0, b > 0, c > 0$ 에 대해, $\frac{a}{b} + \frac{b}{c} + \frac{c}{a} \geq \frac{a+b}{b+c} + \frac{b+c}{a+b} + 1$

(c) $a > 0, b > 0, c > 0$ 에 대해, $\frac{a}{b} + \frac{b}{c} + \frac{c}{a} \geq \frac{a+c}{b+c} + \frac{b+a}{c+a} + \frac{c+b}{a+b}$

(d) $a > 0, b > 0, c > 0$ 에 대해,

$$2\left(\frac{a}{b} + \frac{b}{c} + \frac{c}{a}\right) \geq \frac{a+b}{b+c} + \frac{b+c}{a+b} + \frac{a+b}{a+c} + \frac{a+c}{a+b} + \frac{a+c}{b+c} + \frac{b+c}{a+c}$$

8.5. p 는 $a_1, \ldots , a_n$ 을 변으로 하는 다각형의 둘레이다. 이때 다음 부등식을 증명하여라.

$$\frac{a_1}{p - 2a_1} + \ldots + \frac{a_n}{p - 2a_n} \geq \frac{n}{n-2}$$

8.6. (a) $abc = 1$, $a, b, c > 0$ 에 대해, $\frac{1}{a^3(b+c)} + \frac{1}{b^3(a+c)} + \frac{1}{c^3(a+b)} \geq \frac{3}{2}$

(b) $x_i > 0$, $i = 1, \ldots, n$ 에 대해, $\frac{1}{1 + x_1} + \ldots + \frac{1}{1 + x_1 + \ldots + x_n} < \sqrt{\frac{1}{x_1} + \ldots + \frac{1}{x_n}}$

8.7. $x>0,\ y>0,\ z>0$ 에 대해,

$$8\left(x^3+y^3+z^3\right)^2 \ge 9\left(x^2+yz\right)\left(y^2+xz\right)\left(z^2+xy\right)$$

8.8. $0\le a_1\le\ldots\le a_n,\quad 0\le b_1\le\ldots\le b_n,\quad 0\le c_1\le\ldots\le c_n,\ \ldots,0\le d_1\le\ldots\le d_n$ 에

대해, $\left(\frac{1}{n}\sum_{i=1}^{n}a_i\right)\left(\frac{1}{n}\sum_{i=1}^{n}b_i\right)\left(\frac{1}{n}\sum_{i=1}^{n}c_i\right)\cdot\ldots\cdot\left(\frac{1}{n}\sum_{i=1}^{n}d_i\right)\le\frac{1}{n}\sum_{i=1}^{n}a_i\cdot b_i\cdot c_i\cdot\ldots\cdot d_i$

8.9. $1=x_0\ge x_1\ge\ldots\ge x_n\ge\ldots$ 을 만족시키는 양수들의 수열 (x_k) 를 생각하자. 그러한 임의의 수열 (x_k) 에 대해 $\frac{x_0^2}{x_1}+\frac{x_1^2}{x_2}+\ldots+\frac{x_{n-1}^2}{x_n}\ge 3.999$ 을 만족시키는 그러한 자연수 n 이 존재한다는 것을 증명하여라.

8.10. 주어진 삼각형 ABC 의 내부점 M 으로부터 직선 BC, CA, AB 에 수선 MA_1, MB_1, MC_1 을 그었다. 식 $\frac{BC}{MA_1}+\frac{CA}{MB_1}+\frac{AB}{MC_1}$ 가 최솟값을 가지는 삼각형 ABC 의 내부점 M 을 구하여라.

8.11. G 는 삼각형 $A_1A_2A_3$ 의 무게중심이고 C 는 삼각형 $A_1A_2A_3$ 의 외접원이다. 직선 GA_1, GA_2, GA_3 와 원 C 의 두 번째 교점을 B_1, B_2, B_3 라 하자. 이때 $GA_1+GA_2+GA_3\le GB_1+GB_2+GB_3$ 을 증명하여라.

8.12. $k\in N$, $a_1,a_2,\ldots,a_{2k}>0$ 에 대해, 다음 부등식을 증명하여라.

$$a_1+a_2+\ldots+a_{2k}-2k\sqrt[2k]{a_1\cdot a_2\cdot\ldots\cdot a_{2k}}\ge\frac{\left(a_1-a_2+\ldots+a_{2k-1}-a_{2k}\right)^2}{2\left(a_1+a_2+\ldots+a_{2k}\right)}$$

8.13. $n \in N, n \geq 2, a_1, \ldots, a_n \geq 0$, $\frac{1}{1+a_1} + \ldots + \frac{1}{1+a_n} = n-1$에 대해, 다음 부등식을 증명하여라.

$$\sqrt{a_1 a_2} + \sqrt{a_1 a_3} + \ldots + \sqrt{a_{n-1} a_n} \leq \frac{n}{2} \leq \frac{n-1}{2}(a_1 + a_2 + \ldots + a_n)$$

8.14. $n \in N, n \geq 2, a_1, \ldots, a_n > 0$, $a_1 \cdot \ldots \cdot a_n = 1$에 대해, 다음 부등식을 증명하여라.

$$\frac{1}{1+a_1+\ldots+a_{n-1}} + \frac{1}{1+a_1+\ldots+a_{n-2}+a_n} + \ldots + \frac{1}{1+a_2+\ldots+a_n} \leq 1$$

8.15. $abcd = 1$, $a > 0, b > 0, c > 0, d > 0$에 대해, 다음 부등식을 증명하여라.

$$(a^2 + bc)(b^2 + cd)(c^2 + da)(d^2 + ab) \geq (a+1)(b+1)(c+1)(d+1)$$

8.16. $abc = 1$, $a > 0, b > 0, c > 0$에 대해, 다음 부등식을 증명하여라.

$$\frac{1}{a^5(b+2c)^2} + \frac{1}{b^5(c+2a)^2} + \frac{1}{c^5(a+2b)^2} \geq \frac{1}{3}$$

8.17. $ab + bc + ca \geq 3$, $a > 0, b > 0, c > 0$에 대해, 다음 부등식을 증명하여라.

$$\frac{a}{a^3+b^3+c^2} + \frac{b}{a^2+b^3+c^3} + \frac{c}{a^3+b^2+c^3} \leq 1$$

8.18. 다음 부등식을 증명하여라.

(a) $x > 0,\ y > 0,\ z > 0$, $xyz = 1$에 대해,

$$\frac{x^3}{(1+y)(1+z)} + \frac{y^3}{(1+x)(1+z)} + \frac{z^3}{(1+x)(1+y)} \geq \frac{3}{4}$$

(b) $0<x<1,\ 0<y<1,\ 0<z<1$에 대해, $\dfrac{x}{1-x}+\dfrac{y}{1-y}+\dfrac{z}{1-z}\geq\dfrac{3\sqrt[3]{xyz}}{1-\sqrt[3]{xyz}}$

(c) 삼각형의 변 x,y,z에 대해,

$$\frac{x}{(y+z)(y+z-x)}+\frac{y}{(x+z)(x+z-y)}+\frac{z}{(x+y)(x+y-z)}\geq\frac{9}{2(x+y+z)}$$

(d) $a>0,\ b>0,\ c>0,\ d>0$, $ab+bc+cd+da=1$에 대해,

$$\frac{a^3}{b+c+d}+\frac{b^3}{a+c+d}+\frac{c^3}{a+b+d}+\frac{d^3}{a+b+c}\geq\frac{1}{3}$$

(e) $a_1>0,\ \ldots,\ a_n>0$에 대해,

$$\left(1+\frac{a_1^3}{a_2^2}\right)\left(1+\frac{a_2^3}{a_3^2}\right)\cdot\ldots\cdot\left(1+\frac{a_n^3}{a_1^2}\right)\geq(1+a_1)(1+a_2)\cdot\ldots\cdot(1+a_n)$$

(f) $n\geq 2,\ n\in N,\ x_1>0,\ \ldots,\ x_n>0$에 대해,

$$(x_1^2+\ldots+x_n^2)\left(\frac{1}{x_1^2+x_1x_2}+\ldots+\frac{1}{x_n^2+x_nx_1}\right)\geq\frac{n^2}{2}$$

(g) $n\geq 3,\ n\in N,\ a_1>0,\ \ldots,\ a_n>0$, $a_1+\ldots+a_n=1$에 대해,

$$(a_1a_2+a_2a_3+\ldots+a_na_1)\left(\frac{a_1}{a_2^2+a_2}+\frac{a_2}{a_3^2+a_3}+\ldots+\frac{a_n}{a_1^2+a_1}\right)\geq\frac{n}{n+1}$$

8.19. $n\geq 3,\ x_1>0,\ x_2>0,\ldots,\ x_n>0$, $x_1^2+x_2^2+\ldots+x_n^2=1$에 대해, 다음 식의 최솟값을 구하여라.

$$\frac{x_1^5}{x_2+x_3+\ldots+x_n}+\frac{x_2^5}{x_1+x_3+\ldots+x_n}+\ldots+\frac{x_n^5}{x_1+x_2+\ldots+x_{n-1}}$$

8.20. 곱이 1인 임의의 양수 x, y, z 에 대해, 다음 부등식을 증명하여라.

$$\frac{x^3}{x^2+y}+\frac{y^3}{y^2+z}+\frac{z^3}{z^2+x}\geq\frac{3}{2}$$

증명

8.1. $\frac{a}{b}$ 를 $\frac{a^2}{ab}$ 로 바꾸어 문제를 해결하면 편리한 경우가 많이 있다. 다음과 같이 쓸 수 있다.

$$\frac{x_1}{x_2+x_3}+\frac{x_2}{x_3+x_1}+\frac{x_3}{x_1+x_2}=\frac{x_1^2}{x_1\left(x_2+x_3\right)}+\frac{x_2^2}{x_2\left(x_3+x_1\right)}+\frac{x_3^2}{x_3\left(x_1+x_2\right)}$$

$$\geq\frac{\left(x_1+x_2+x_3\right)^2}{2\left(x_1x_2+x_2x_3+x_3x_1\right)}\geq\frac{3}{2}$$

(이때 부등식 $x_1x_2+x_2x_3+x_3x_1\leq x_1^2+x_2^2+x_3^2$ 이 이용되었다).

8.2. 다음을 증명해야 한다.

$$\frac{a^2}{a(b+c)}+\frac{b^2}{b(c+d)}+\frac{c^2}{c(d+a)}+\frac{d^2}{d(a+b)}$$

$$\geq\frac{(a+b+c+d)^2}{ab+2ac+ad+bc+2bd+cd}\geq 2$$

마지막 부등식을 증명하기 위해 식 $(a+b+c+d)^2$ 의 괄호를 열고, 부등식 $a^2+c^2\geq 2ac,\quad b^2+d^2\geq 2bd$ 을 이용하면 된다.

8.3. 다음과 같이 놓자.

$$\frac{x_1^2}{x_1(x_2+x_n)}+\frac{x_2^2}{x_2(x_3+x_1)}+\ldots+\frac{x_n^2}{x_n(x_1+x_{n-1})}$$

$$\geq\frac{(x_1+x_2+\ldots+x_n)^2}{2(x_1x_2+x_2x_3+\ldots+x_{n-1}x_n+x_nx_1)}=A_n$$

$n\geq 4$ 에 대해 $A_n\geq 2$ 이다(연습문제 7.6의 풀이를 참고할 것).

8.4. (a) 부등식 (8.4)를 이용하면, 다음을 얻을 수 있다.

$$\frac{a^4}{a^3+a^2b+ab^2}+\frac{b^4}{b^3+b^2c+bc^2}+\frac{c^4}{c^3+c^2a+ca^2}$$

$$\geq\frac{(a^2+b^2+c^2)^2}{(a+b+c)(a^2+b^2+c^2)}\geq\frac{a+b+c}{3}$$

(여기서 부등식 $a^2+b^2+c^2\geq\frac{1}{3}(a+b+c)^2$

즉 $n=3$ 인 경우의 부등식 (8.6)이 사용되었다).

(b) 부등식 (8.4)를 이용하면, 다음을 얻을 수 있다.

$$\frac{a}{b}+\frac{b}{c}+\frac{c}{a}=\frac{a}{b}+\frac{b^2}{bc}+\frac{c^2}{ac}\geq\frac{a}{b}+\frac{(b+c)^2}{bc+ac}=\frac{a}{b}+\frac{b}{c}\cdot\frac{b+c}{a+b}+\frac{b+c}{a+b}$$

이제 $\frac{a}{b}+\frac{b}{c}\cdot\frac{b+c}{a+b}\geq\frac{a+b}{b+c}+1$ 을 증명하면 되는데, 이 부등식을 $(ac-b^2)^2\geq 0$ 과 같이 변형시켜 증명할 수 있다.

(c) 일반성을 잃지 않고 $(b-a)(b-c)\le 0$ 이라 놓을 수 있다. 한편 연습문제 8.4(b)의 부등식을 이용하면, $\frac{a}{b}+\frac{b}{c}+\frac{c}{a}\ge\frac{a+b}{b+c}+\frac{b+c}{a+b}+1$ 이 성립한다.

이제 $\frac{a+b}{b+c}+1\ge\frac{a+c}{b+c}+\frac{a+b}{a+c}$ 을 증명하면 되는데, 이 부등식은 $(b-a)(b-c)\le 0$ 으로 변형시킬 수 있다.

(d) 비슷한 방법으로 $\frac{a}{b}+\frac{b}{c}+\frac{c}{a}\ge\frac{a+b}{b+c}+\frac{a+c}{a+b}+\frac{b+c}{a+c}$ 을 증명할 수 있다.

8.5. 일반성을 잃지 않고, $a_1\ge\ldots\ge a_n$ 라 놓을 수 있다. 그러면 $0<p-2a_1\le\ldots\le p-2a_n$ 이다. 부등식 (8.5)의 참고를 고려하면, 다음이 얻어진다.

$$\frac{a_1\cdot 1}{p-2a_1}+\ldots+\frac{a_n\cdot 1}{p-2a_n}\ge\frac{(a_1+\ldots+a_n)n}{np-2(a_1+\ldots+a_n)}=\frac{n}{n-2}$$

8.6. (a) 다음이 성립한다.

$$\frac{\left(\frac{1}{a}\right)^2}{a(b+c)}+\frac{\left(\frac{1}{b}\right)^2}{b(a+c)}+\frac{\left(\frac{1}{c}\right)^2}{c(a+b)}\ge\frac{\left(\frac{1}{a}+\frac{1}{b}+\frac{1}{c}\right)^2}{2(ab+bc+ac)}$$

$$=\frac{ab+bc+ac}{2}\ge\frac{3\sqrt[3]{a^2b^2c^2}}{2}=\frac{3}{2}$$

(b) $\frac{1}{1+x_1+\ldots+x_i}=y_i$, $i=1,\ldots,n$ 이라 놓으면, $1>y_1>\ldots>y_n>0$,

$\frac{1}{x_i}=\frac{y_{i-1}y_i}{y_{i-1}-y_i}$, $i=1,\ldots,n$, $y_0=1$ 이다.

부등식 (8.4)를 이용하면 다음을 얻을 수 있다.

$$\sqrt{\frac{1}{x_1}+\ldots+\frac{1}{x_n}}=\sqrt{\sum_{i=1}^{n}\frac{y_{i-1}y_i}{y_{i-1}-y_i}}$$

$$=\sqrt{\sum_{i=1}^{n}\left(y_i+\frac{y_i^2}{y_{i-1}-y_i}\right)}>\sqrt{\sum_{i=1}^{n}\frac{y_i^2}{y_{i-1}-y_i}}\geq\frac{y_1+\ldots+y_n}{\sqrt{1-y_n}}>y_1+\ldots+y_n$$

결국 $\sqrt{\frac{1}{x_1}+\ldots+\frac{1}{x_n}}>\frac{1}{1+x_1}+\ldots+\frac{1}{1+x_1+\ldots+x_n}$ 이 성립한다.

8.7. 다음이 성립한다.

$$\left(x^2+yz\right)\left(y^2+xz\right)\left(z^2+xy\right)\leq\left(\frac{x^2+y^2+z^2+xy+yz+xz}{3}\right)^3$$

$$=\left(\frac{2}{3}\left(x^2+y^2+z^2\right)\right)^3 \tag{8.10}$$

한편 부등식 (8.4)에 의해 다음을 알 수 있다.

$$\frac{x^3+y^3+z^3}{x^2+y^2+z^2}=\frac{x^4}{x\left(x^2+y^2+z^2\right)}+\frac{y^4}{y\left(x^2+y^2+z^2\right)}+\frac{z^4}{z\left(x^2+y^2+z^2\right)}$$

$$\geq\frac{x^2+y^2+z^2}{x+y+z}\geq\sqrt{\frac{x^2+y^2+z^2}{3}}$$

이로부터 다음 부등식이 얻어진다.

$$3\left(x^3+y^3+z^3\right)^2 \ge \left(x^2+y^2+z^2\right)^3 \qquad (8.11)$$

(8.10)과 (8.11)로부터 $\left(x^2+yz\right)\left(y^2+xz\right)\left(z^2+xy\right) \le \frac{8}{9}\left(x^3+y^3+z^3\right)^2$ 이 얻어진다.

8.8. 체비셰프 부등식을 이용하면, 다음이 얻어진다.

$$\left(\frac{1}{n}\sum_{i=1}^{n}a_i\right)\left(\frac{1}{n}\sum_{i=1}^{n}b_i\right)\left(\frac{1}{n}\sum_{i=1}^{n}c_i\right)\cdot\ldots\cdot\left(\frac{1}{n}\sum_{i=1}^{n}d_i\right)$$

$$\le\left(\frac{1}{n}\sum_{i=1}^{n}a_ib_i\right)\left(\frac{1}{n}\sum_{i=1}^{n}c_i\right)\cdot\ldots\cdot\left(\frac{1}{n}\sum_{i=1}^{n}d_i\right)$$

$$\le\left(\frac{1}{n}\sum_{i=1}^{n}a_ib_ic_i\right)\cdot\ldots\cdot\left(\frac{1}{n}\sum_{i=1}^{n}d_i\right)\le\ldots\le\frac{1}{n}\sum_{i=1}^{n}a_ib_ic_i\cdot\ldots\cdot d_i$$

8.9. 부등식 (8.4)를 이용하면, 다음이 얻어진다.

$$\frac{x_0^2}{x_1}+\frac{x_1^2}{x_2}+\ldots+\frac{x_{n-1}^2}{x_n}\ge\frac{\left(x_0+x_1+\ldots+x_{n-1}\right)^2}{x_1+x_2+\ldots+x_n}=K_n$$

$n>n_0$ 에 대해 $K_n\ge3.999$ 인 자연수 n_0 가 존재한다는 것을 증명하자.

$n\ge\frac{3.999}{0.001}+1$ 에 대해 다음이 성립한다.

$$\left(x_0+x_1+\ldots+x_{n-1}\right)^2-3.999\left(x_1+x_2+\ldots+x_n\right)$$

$$=\left(1-\left(x_1+x_2+\ldots+x_{n-1}\right)\right)^2+0.001\left(x_1+x_2+\ldots+x_{n-1}\right)-3.999x_n$$

$$\ge0.001\left(n-1\right)x_n-3.999x_n\ge0$$

그러므로 n_0 로 4000을 잡을 수 있다.

8.10. 식을 변형시키고 부등식 (8.4)를 이용하면, 다음을 얻을 수 있다.

$$\frac{BC^2}{BC\cdot MA_1}+\frac{CA^2}{CA\cdot MB_1}+\frac{AB^2}{AB\cdot MC_1}\geq\frac{(BC+CA+AB)^2}{BC\cdot MA_1+CA\cdot MB_1+AB\cdot MC_1}$$

$$=\frac{4p^2}{2S}=2\frac{p}{r}$$

결국 $\frac{BC}{BC\cdot MA_1}=\frac{CA}{CA\cdot MB_1}=\frac{AB}{AB\cdot MC_1}$ 일 때, 즉 $MA_1=MB_1=MC_1$ 일 때 식 $\frac{BC}{MA_1}+\frac{CA}{MB_1}+\frac{AB}{MC_1}$ 의 최솟값은 $\frac{2p}{r}$ 가 될 것이다. 이것은 점 M 이 삼각형 ABC 의 내심이라는 것을 의미한다.

8.11. 변 A_2A_3, A_1A_3, A_1A_2 의 중점과 길이를 A_1', A_2', A_3', a_1, a_2, a_3 로 나타내자. 그리고 $a_1\leq a_2\leq a_3$ 라 하면, 쉽게 $GA_3\leq GA_2\leq GA_1$ 를 증명할 수 있다.

$\frac{3}{2}GA_1\cdot B_1A_1'=\frac{1}{4}a_1^2$ 이므로 $GB_1=\frac{GA_1}{2}+\frac{a_1^2}{6GA_1}$ 이다.

이제 다음을 증명하면 된다.

$$\frac{a_1^2}{3GA_1}+\frac{a_2^2}{3GA_2}+\frac{a_3^2}{3GA_3}\geq GA_1+GA_2+GA_3$$

부등식 (8.5)를 이용하면, 다음이 얻어진다.

$$\frac{a_1^2}{3GA_1}+\frac{a_2^2}{3GA_2}+\frac{a_3^2}{3GA_3}\geq\frac{a_1^2+a_2^2+a_3^2}{GA_1+GA_2+GA_3}$$

$$=\frac{3\left(GA_1^2+GA_2^2+GA_3^2\right)}{GA_1+GA_2+GA_3}\geq GA_1+GA_2+GA_3$$

결국 $\dfrac{a_1^2}{3GA_1}+\dfrac{a_2^2}{3GA_2}+\dfrac{a_3^2}{3GA_3}\ge GA_1+GA_2+GA_3$ 이다.

8.12. 연습문제 2.1의 부등식에 의해 다음이 성립한다.

$$\sqrt{a_1a_2}+\sqrt{a_1a_2}+\sqrt{a_3a_4}+\sqrt{a_3a_4}+\ldots+\sqrt{a_{2k-1}a_{2k}}+\sqrt{a_{2k-1}a_{2k}}$$

$$\ge 2k\sqrt[2k]{a_1\cdot a_2\cdot\ldots\cdot a_{2k}}$$

결국, 다음이 얻어진다.

$$a_1+a_2+\ldots+a_{2k}-2k\sqrt[2k]{a_1\cdot a_2\cdot\ldots\cdot a_{2k}}$$

$$\ge\left(\sqrt{a_1}-\sqrt{a_2}\right)^2+\ldots+\left(\sqrt{a_{2k-1}}-\sqrt{a_{2k}}\right)^2$$

$$\ge\frac{\left(a_1-a_2\right)^2}{\left(\sqrt{a_1}+\sqrt{a_2}\right)^2}+\ldots+\frac{\left(a_{2k-1}-a_{2k}\right)^2}{\left(\sqrt{a_{2k-1}}+\sqrt{a_{2k}}\right)^2}\ge\frac{\left(a_1-a_2\right)^2}{2\left(a_1+a_2\right)}+\ldots+\frac{\left(a_{2k-1}-a_{2k}\right)^2}{2\left(a_{2k-1}+a_{2k}\right)}$$

이제 부등식 (8.4)를 이용하면, 다음이 얻어진다.

$$\frac{\left(a_1-a_2\right)^2}{2\left(a_1+a_2\right)}+\ldots+\frac{\left(a_{2k-1}-a_{2k}\right)^2}{2\left(a_{2k-1}+a_{2k}\right)}\ge\frac{\left(a_1-a_2+\ldots+a_{2k-1}-a_{2k}\right)^2}{2\left(a_1+a_2+\ldots+a_{2k}\right)}$$

이와 같이

$$a_1+a_2+\ldots+a_{2k}-2k\sqrt[2k]{a_1\cdot a_2\cdot\ldots\cdot a_{2k}}\ge\frac{\left(a_1-a_2+\ldots+a_{2k-1}-a_{2k}\right)^2}{2\left(a_1+a_2+\ldots+a_{2k}\right)}$$ 이

증명된다.

8.13. $n-1=\frac{1}{1+a_1}+\ldots+\frac{1}{1+a_n}\geq\frac{n^2}{(1+a_1)+\ldots+(1+a_n)}$ 이며, 결국 다음이 성립한다.

$$\frac{n-1}{2}(a_1+a_2+\ldots+a_n)\geq\frac{n}{2}$$

$1=\frac{a_1}{1+a_1}+\ldots+\frac{a_n}{1+a_n}\geq\frac{\left(\sqrt{a_1}+\ldots+\sqrt{a_n}\right)^2}{(1+a_1)+\ldots+(1+a_n)}$ 을 생각하면,

$\frac{n}{2}\geq\sqrt{a_1a_2}+\sqrt{a_1a_3}+\ldots+\sqrt{a_{n-1}a_n}$ 이 성립한다.

8.14. $S=a_1+\ldots+a_n$ 이라 하고, $\frac{S-a_1}{1+S-a_1}+\ldots+\frac{S-a_n}{1+S-a_n}\geq n-1$ 을 증명하면 된다.

부등식 (8.4)와 (3.5)를 이용하면, 다음을 얻을 수 있다.

$$\frac{S-a_1}{1+S-a_1}+\ldots+\frac{S-a_n}{1+S-a_n}$$

$$=\frac{\left(\sqrt{S-a_1}\right)^2}{1+S-a_1}+\ldots+\frac{\left(\sqrt{S-a_n}\right)^2}{1+S-a_n}\geq\frac{\left(\sqrt{S-a_1}+\ldots+\sqrt{S-a_n}\right)^2}{n+(n-1)S}$$

$$=\frac{(n-1)S+2\sum_{i\neq j}\sqrt{S-a_i}\sqrt{S-a_j}}{n+(n-1)S}\geq\frac{(n-1)S+2\sum_{i\neq j}\left(S-a_i-a_j+\sqrt{a_ia_j}\right)}{n+(n-1)S}$$

$$=\frac{(n-1)S+n(n-1)S-2\sum_{i\neq j}\left(a_i+a_j\right)+2\sum_{i\neq j}\sqrt{a_ia_j}}{n+(n-1)S}$$

$$=\frac{(n-1)^2S+2\sum_{i\neq j}\sqrt{a_ia_j}}{n+(n-1)S}\geq\frac{(n-1)^2S+2C_n^2\sqrt[C_n^2]{\prod_{i\neq j}\sqrt{a_ia_j}}}{n+(n-1)S}$$

$$=\frac{(n-1)^2S+2C_n^2}{n+(n-1)S}=n-1$$

결국 $\frac{S-a_1}{1+S-a_1}+\ldots+\frac{S-a_n}{1+S-a_n}\geq n-1$ 이 성립한다.

8.15. $a^2+bc=\frac{a^3}{a\cdot 1}+\frac{1}{a\cdot d}$ 이므로, 부등식 (8.8)에 의해 $a^2+bc\geq\frac{(a+1)^3}{2a(d+1)}$ 이 성립한다. 유사한 방법으로 다음을 얻을 수 있다.

$$b^2+cd\geq\frac{(b+1)^3}{2b(a+1)},\ c^2+da\geq\frac{(c+1)^3}{2c(b+1)},\ d^2+ab\geq\frac{(d+1)^3}{2d(c+1)}$$

이 부등식들을 서로 곱하면, 다음이 얻어진다.

$$(a^2+bc)(b^2+cd)(c^2+da)(d^2+ab)\geq\frac{(a+1)^2(b+1)^2(c+1)^2(d+1)^2}{8}$$

$(a+1)(b+c)(c+1)(d+1)\geq 2\sqrt{a}\cdot 2\sqrt{b}\cdot 2\sqrt{c}\cdot 2\sqrt{d}=8$ 이므로, 다음이 된다.

$$(a^2+bc)(b^2+cd)(c^2+da)(d^2+ab)\geq\frac{(a+1)^2(b+1)^2(c+1)^2(d+1)^2}{8}$$

$$\geq(a+1)(b+1)(c+1)(d+1)$$

결국 $(a^2+bc)(b^2+cd)(c^2+da)(d^2+ab)\geq(a+1)(b+1)(c+1)(d+1)$ 이 성립한다.

8.16. 다음 등식이 성립한다.

$$\frac{1}{a^5(b+2c)^2}+\frac{1}{b^5(c+2a)^2}+\frac{1}{c^5(a+bc)^2}=$$

$$\frac{\left(\frac{1}{a}\right)^3}{(ab+2ac)(ab+2ac)}+\frac{\left(\frac{1}{b}\right)^3}{(bc+2ab)(bc+2ab)}+\frac{\left(\frac{1}{c}\right)^3}{(ac+2bc)(ac+2bc)}$$

그러므로 부등식 (8.8)에 의해, 다음을 얻을 수 있다.

$$\frac{1}{a^5(b+2c)^2}+\frac{1}{b^5(c+2a)^2}+\frac{1}{c^5(a+bc)^2}\geq\frac{ab+bc+ac}{9}$$

$\dfrac{ab+bc+ac}{9}\geq\dfrac{3\sqrt[3]{ab\cdot bc\cdot ac}}{9}=\dfrac{1}{3}$ 을 생각하면,

$\dfrac{1}{a^5(b+2c)^2}+\dfrac{1}{b^5(c+2a)^2}+\dfrac{1}{c^5(a+bc)^2}\geq\dfrac{1}{3}$ 이 성립한다.

8.17. 부등식 (8.8)에 의해, $a^3+b^3+c^3=\dfrac{a^3}{1\cdot 1}+\dfrac{b^3}{1\cdot 1}+\dfrac{c^3}{1\cdot 1}\geq\dfrac{(a+b+c)^3}{3(2+c)}$ 이다. 결국

다음이 성립한다.

$$\frac{a}{a^3+b^3+c^2}\leq\frac{6a+3ac}{(a+b+c)^3}$$

비슷한 방법으로 다음을 얻을 수 있다.

$$\frac{b}{a^2+b^3+c^3}\leq\frac{6b+3ab}{(a+b+c)^3},\quad\frac{c}{a^3+b^2+c^3}\leq\frac{6c+3bc}{(a+b+c)^3}$$

얻어진 모든 부등식을 더하면, 다음이 얻어진다.

$$\frac{a}{a^3+b^3+c^2}+\frac{b}{a^2+b^3+c^3}+\frac{c}{a^3+b^2+c^3}\leq\frac{6a+3ac}{(a+b+c)^3}+\frac{6b+3ab}{(a+b+c)^3}$$

$$+\frac{6c+3bc}{(a+b+c)^3}$$

다음을 생각하자.

$$\frac{6a+3ac}{(a+b+c)^3}+\frac{6b+3ab}{(a+b+c)^3}+\frac{6c+3bc}{(a+b+c)^3}$$

$$=\frac{6}{(a+b+c)^2}+\frac{3(ab+bc+ac)}{(a+b+c)^2(a+b+c)}\le$$

$$\frac{6}{3(ab+bc+ac)}+\frac{1}{a+b+c}\le\frac{2}{3}+\frac{1}{3}=1$$

결국 $\dfrac{a}{a^3+b^3+c^2}+\dfrac{b}{a^2+b^3+c^3}+\dfrac{c}{a^3+b^2+c^3}\le 1$ 이 성립한다.

8.18. (a) $x+y+z\ge 3\sqrt[3]{xyz}=3$, $\dfrac{x+y+z}{3+x+y+z}\ge\dfrac{1}{2}$ 이므로, 부등식 (8.8)에 의해 다음을 알 수 있다.

$$\frac{x^3}{(1+y)\cdot(1+z)}+\frac{y^3}{(1+z)\cdot(1+x)}+\frac{z^3}{(1+x)\cdot(1+y)}$$

$$\ge\frac{(x+y+z)^3}{(1+y+1+z+1+x)(1+z+1+x+1+y)}$$

$$=\left(\frac{x+y+z}{3+x+y+z}\right)^2(x+y+z)\ge\frac{3}{4}$$

결국 $\dfrac{x^3}{(1+y)(1+z)}+\dfrac{y^3}{(1+x)(1+z)}+\dfrac{z^3}{(1+x)(1+y)}\ge\dfrac{3}{4}$ 이 성립한다.

(b) $\sqrt[3]{x}+\sqrt[3]{y}+\sqrt[3]{z} \ge 3\sqrt[3]{\sqrt[3]{x}\cdot\sqrt[3]{y}\cdot\sqrt[3]{z}}$ 이고 $x+y+z \ge 3\sqrt[3]{xyz}$ 이므로, 부등식 (8.8)에 의해 다음을 알 수 있다.

$$\frac{x}{1-x}+\frac{y}{1-y}+\frac{z}{1-z}$$

$$=\frac{\left(\sqrt[3]{x}\right)^3}{1\cdot(1-x)}+\frac{\left(\sqrt[3]{y}\right)^3}{1\cdot(1-y)}+\frac{\left(\sqrt[3]{z}\right)^3}{1\cdot(1-z)} \ge \frac{\left(\sqrt[3]{x}+\sqrt[3]{y}+\sqrt[3]{z}\right)^3}{3(3-x-y-z)} \ge \frac{27\sqrt[3]{xyz}}{3(3-3\sqrt[3]{xyz})}$$

$$=\frac{3\sqrt[3]{xyz}}{1-\sqrt[3]{xyz}}$$

결국 $\frac{x}{1-x}+\frac{y}{1-y}+\frac{z}{1-z} \ge \frac{3\sqrt[3]{xyz}}{1-\sqrt[3]{xyz}}$ 가 성립한다.

(c) $x^2+y^2+z^2-xy-yz-xz=0.5((x-y)^2+(y-z)^2+(z-x)^2) \ge 0$,

$\frac{(x+y+z)^2}{xy+yz+xz} \ge 3$, $\frac{(x+y+z)^2}{2xy+2yz+2xz-x^2-y^2-z^2} \ge 3$ 이므로, 부등식 (8.8)에 의해 다음을 알 수 있다.

$$\frac{x}{(y+z)(y+z-x)}+\frac{y}{(x+z)(x+z-y)}+\frac{z}{(x+y)(x+y-z)}$$

$$=\frac{x^3}{(xy+xz)(xy+xz-x^2)}+\frac{y^3}{(xy+yz)(xy+yz-y^2)}$$

$$+\frac{z^3}{(xz+yz)(xz+yz-z^2)}$$

$$\ge \frac{(x+y+z)^3}{2(xy+yz+xz)(2xy+2yz+2xz-x^2-y^2-z^2)} \ge \frac{9}{2(x+y+z)}$$

결국

$$\frac{x}{(y+z)(y+z-x)}+\frac{y}{(x+z)(x+z-y)}+\frac{z}{(x+y)(x+y-z)}\geq\frac{9}{2(x+y+z)}$$

가 성립한다.

(d) 부등식 (8.8)에 의해 다음을 알 수 있다.

$$\frac{a^3}{1\cdot(b+c+d)}+\frac{b^3}{1\cdot(a+c+d)}+\frac{c^3}{1\cdot(a+b+d)}+\frac{d^3}{1\cdot(a+b+c)}$$

$$\geq\frac{(a+b+c+d)^3}{4(3a+3b+3c+3d)}$$

$$=\frac{(a-b+c-d)^2+4(ab+bc+cd+da)}{12}\geq\frac{1}{3}$$

결국 $\frac{a^3}{b+c+d}+\frac{b^3}{a+c+d}+\frac{c^3}{a+b+d}+\frac{d^3}{a+b+c}\geq\frac{1}{3}$ 이 성립한다.

(e) 부등식 (8.8)에 의해 다음을 알 수 있다.

$$1+\frac{x^3}{y^2}=\frac{1^3}{1\cdot1}+\frac{x^3}{y\cdot y}\geq\frac{(1+x)^3}{(1+y)(1+y)}$$

결국 다음이 성립한다.

$$\left(1+\frac{a_1^3}{a_2^2}\right)\left(1+\frac{a_2^3}{a_3^2}\right)\cdot\ldots\cdot\left(1+\frac{a_n^3}{a_1^2}\right)\geq\frac{(1+a_1)^3}{(1+a_2)^2}\cdot\frac{(1+a_2)^3}{(1+a_3)^2}\cdot\ldots\cdot\frac{(1+a_n)^3}{(1+a_1)^2}$$

$$=(1+a_1)(1+a_2)\cdot\ldots\cdot(1+a_n)$$

(f) 부등식 (8.8)에 의해 다음을 알 수 있다.

$$\frac{1^3}{x_1\cdot(x_1+x_2)}+\ldots+\frac{1^3}{x_n\cdot(x_n+x_1)}\geq\frac{n^3}{2(x_1+\ldots+x_n)^2}$$

결국 $\dfrac{x_1^2+\ldots+x_n^2}{n}\geq\left(\dfrac{x_1+\ldots+x_n}{n}\right)^2$ 이므로 다음이 성립한다.

$$(x_1^2+\ldots+x_n^2)\left(\frac{1}{x_1^2+x_1x_2}+\ldots+\frac{1}{x_n^2+x_nx_1}\right)\geq\frac{n^3(x_1^2+\ldots+x_n^2)}{2(x_1+\ldots+x_n)^2}\geq\frac{n^2}{2}$$

그러므로 $(x_1^2+\ldots+x_n^2)\left(\dfrac{1}{x_1^2+x_1x_2}+\ldots+\dfrac{1}{x_n^2+x_nx_1}\right)\geq\dfrac{n^2}{2}$ 이 성립한다.

(g) $A=a_1a_2+a_2a_3+\ldots+a_{n-1}a_n+a_na_1<\dfrac{1}{n}$ 인 경우에 부등식 (8.8)에 의해 다음을 알 수 있다.

$$\frac{a_1}{a_2^2+a_2}+\frac{a_2}{a_3^2+a_3}+\ldots+\frac{a_{n-1}}{a_n^2+a_n}+\frac{a_n}{a_1^2+a_1}$$

$$=\frac{a_1^3}{a_1a_2(a_1a_2+a_1)}+\frac{a_2^3}{a_2a_3(a_2a_3+a_2)}+\ldots+\frac{a_n^3}{a_na_1(a_na_1+a_n)}$$

$$\geq\frac{(a_1+a_2+\ldots+a_n)^3}{A(A+a_1+a_2+\ldots+a_n)}=\frac{1}{A(A+1)}>\frac{1}{A}\cdot\frac{n}{n+1}$$

그러므로

$$(a_1a_2+a_2a_3+\ldots+a_{n-1}a_n+a_na_1)\left(\frac{a_1}{a_2^2+a_2}+\frac{a_2}{a_3^2+a_3}+\ldots\right.$$

$$\left.+\frac{a_{n-1}}{a_n^2+a_n}+\frac{a_n}{a_1^2+a_1}\right)\geq\frac{n}{n+1}$$ 이 성립한다.

$A\geq\dfrac{1}{n}$ 인 경우에는 부등식 (8.8)에 의해 다음을 알 수 있다.

$$\frac{a_1}{a_2^2+a_2}+\frac{a_2}{a_3^2+a_3}+\ldots+\frac{a_{n-1}}{a_n^2+a_n}+\frac{a_n}{a_1^2+a_1}$$

$$=\frac{\left(\sqrt{\frac{a_1}{a_2}}\right)^2}{a_2+1}+\frac{\left(\sqrt{\frac{a_2}{a_3}}\right)^2}{a_3+1}+\ldots+\frac{\left(\sqrt{\frac{a_n}{a_1}}\right)^2}{a_1+1}\geq\frac{\left(\sqrt{\frac{a_1}{a_2}}+\sqrt{\frac{a_2}{a_3}}+\ldots+\sqrt{\frac{a_n}{a_1}}\right)^2}{n+1}\geq\frac{n^2}{n+1}$$

왜냐 하면 $\sqrt{\frac{a_1}{a_2}}+\sqrt{\frac{a_2}{a_3}}+\ldots+\sqrt{\frac{a_n}{a_1}}\geq n\sqrt[n]{\sqrt{\frac{a_1}{a_2}}\cdot\sqrt{\frac{a_2}{a_3}}\cdot\ldots\cdot\sqrt{\frac{a_n}{a_1}}}=n$ 이기 때문이다.

이로부터 다음을 얻을 수 있다.

$$(a_1a_2+a_2a_3+\ldots+a_{n-1}a_n+a_na_1)\left(\frac{a_1}{a_2^2+a_2}+\frac{a_2}{a_3^2+a_3}+\ldots\right.$$

$$\left.+\frac{a_{n-1}}{a_n^2+a_n}+\frac{a_n}{a_1^2+a_1}\right)\geq\frac{1}{n}\cdot\frac{n^2}{n+1}=\frac{n}{n+1}.$$

8.19. $x_1+x_2+\ldots+x_n=S$,

$\frac{x_1^5}{x_2+x_3+\ldots+x_n}+\frac{x_2^5}{x_1+x_3+\ldots+x_n}+\ldots+\frac{x_n^5}{x_1+x_2+\ldots+x_{n-1}}=A$라 놓으면, 부등식 (8.8)에 의해 다음을 알 수 있다.

$$A=\frac{(x_1^2)^3}{x_1(S-x_1)}+\frac{(x_2^2)^3}{x_2(S-x_2)}+\ldots+\frac{(x_n^2)^3}{x_n(S-x_n)}$$

$$\geq\frac{(x_1^2+x_2^2+\ldots+x_n^2)^3}{S\cdot(S-x_1+S-x_2+\ldots+S-x_n)}=\frac{1}{(n-1)S^2}\geq\frac{1}{n(n-1)}$$

왜냐 하면 $1=\frac{x_1^3}{1\cdot x_1}+\frac{x_2^3}{1\cdot x_2}+\ldots+\frac{x_n^3}{1\cdot x_n}\geq\frac{S^3}{nS}=\frac{S^2}{n}$ 이기 때문이다.

$A \geq \frac{1}{n(n-1)}$ 를 얻었으며, $x_1 = x_2 = \ldots = x_n = \frac{1}{\sqrt{n}}$ 일 때에 $A = \frac{1}{n(n-1)}$ 이다.

결국 주어진 식의 최솟값은 $\frac{1}{n(n-1)}$ 이다.

8.20. 부등식 (8.8)에 의해 $\frac{x^3}{x^2+y} + \frac{y^3}{y^2+z} + \frac{z^3}{z^2+x} \geq \frac{(x+y+z)^3}{3(x^2+y+y^2+z+z^2+x)}$ 을 알 수 있다. 이제 $2(x+y+z)^3 \geq 9(x^2+y^2+z^2+x+y+z)$ 를 증명하면 된다.

$\sqrt{x+y+z} = d$ 라 놓으면, 다음을 알 수 있다.

$xy+yz+zx = \sqrt{(xy+yz+zx)^2} \geq \sqrt{3xy \cdot yz + 3xy \cdot zx + 3yz \cdot zx} = \sqrt{3}d.$

이제 $2(x+y+z)^3 + 18(xy+yz+zx) \geq 9((x^2+y^2+z^2)+x+y+z)$ 을 증명하면 된다.

$2d^5 + 18\sqrt{3} \geq 9d^3 + 9d$ 를 증명하자. 다음을 생각하자.

$2d^5 - 9d^3 - 9d + 18\sqrt{3} = (d-\sqrt{3})^2(2d^3 + 4\sqrt{3}d^2 + 9d + 6\sqrt{3}) \geq 0.$

○ 내 힘으로 해결하기

다음 부등식을 증명하여라(1-22, 24-45, 47, 48).

1. $a_{n+1} = a_1$, $a_i > 0$ $i = 1, \ldots, n$ 에 대해 $2\sum_{i=1}^{n} \frac{a_i^2}{a_i + a_{i+1}} \geq \sum_{i=1}^{n} a_i$

2. $x_1+\dots+x_n=1,\ x_i>0,\ i=1,\dots,n$ 에 대해 $\sum_{i=1}^{n}\left(x_i+\frac{1}{x_i}\right)^2\geq\frac{\left(n^2+1\right)^2}{n}$

3. $a>0, b>0, c>0$ 에 대해

$$a+b+c\leq\frac{a^2+b^2}{2c}+\frac{b^2+c^2}{2a}+\frac{a^2+c^2}{2b}\leq\frac{a^3}{bc}+\frac{b^3}{ac}+\frac{c^3}{ab}$$

4. (a) $a_i>0, b_i>0,\ i=1,\dots,n$ 에 대해

$$\frac{a_1b_1}{a_1+b_1}+\dots+\frac{a_nb_n}{a_n+b_n}\leq\frac{\left(a_1+\dots+a_n\right)\left(b_1+\dots+b_n\right)}{\left(a_1+\dots+a_n\right)+\left(b_1+\dots+b_n\right)}$$

(b) $a>0,\ a_i>0, b_i>0,\ i=1,\dots,n$ 에 대해

$$\frac{a_1+b_1}{a_1+b_1+aa_1b_1}+\dots+\frac{a_n+b_n}{a_n+b_n+aa_nb_n}\geq\frac{n^2}{a\left(a_1+\dots+a_n\right)+2n}+\frac{n^2}{a\left(b_1+\dots+b_n\right)+2n}$$

(c) $a_i>0, b_i>0,\ i=1,\dots,n$ 에 대해 $\sum_{i=1}^{n}\frac{a_ib_i}{\sqrt{a_i^2+b_i^2}}\leq\frac{\sum_{i=1}^{n}a_i\sum_{i=1}^{n}b_i}{\sqrt{\left(\sum_{i=1}^{n}a_i\right)^2+\left(\sum_{i=1}^{n}b_i\right)^2}}$

(d) $a_i>0,\ b_i>0,\ i=1,\dots,n$ 에 대해

$$\frac{a_1+b_1}{a_1+b_1+na_1b_1}+\dots+\frac{a_n+b_n}{a_n+b_n+na_nb_n}+\frac{n}{2}\left(\frac{a_1+\dots+a_n}{a_1+\dots+a_n+2}+\frac{b_1+\dots+b_n}{b_1+\dots+b_n+2}\right)\geq n$$

(e) $a_i>0, b_i>0, c_i>0,\ i=1,\dots,n,\ \left(\frac{a_i}{c_i}-\frac{a_j}{c_j}\right)\left(\frac{b_i}{c_i}-\frac{b_j}{c_j}\right)\leq0$,

$i,j\in\{1,\dots,n\}$ 에 대해 $\frac{c_1}{a_1\cdot b_1}+\dots+\frac{c_n}{a_n\cdot b_n}\geq\frac{n^2\left(c_1+\dots+c_n\right)}{\left(a_1+\dots+a_n\right)\left(b_1+\dots+b_n\right)}$

5. $n=5$ 또는 $n=6,\ x_i>0,\ \ i=1,\ldots,n$ 에 대해

$$\frac{x_1}{x_2+x_3}+\frac{x_2}{x_3+x_4}+\ldots+\frac{x_{n-1}}{x_n+x_1}+\frac{x_n}{x_1+x_2}\ge\frac{n}{2}$$

6. $n\ge 2,\ \ a_1>0,\ldots,a_n>0$ 에 대해

$$\left(1+\frac{a_1^2}{a_2}\right)\left(1+\frac{a_2^2}{a_3}\right)\cdot\ldots\cdot\left(1+\frac{a_n^2}{a_1}\right)\ge(1+a_1)\cdot\ldots\cdot(1+a_n)$$

참고. $b>0$ 에 대해 $1+\frac{a^2}{b}=\frac{1^2}{1}+\frac{a^2}{b}\ge\frac{(1+a)^2}{1+b}$ 을 생각하자.

7. a, b, c 는 삼각형의 변의 길이이다. 이때 다음 부등식을 증명하여라.

$$\frac{a}{b+c}+\frac{b}{c+a}+\frac{c}{a+b}+\frac{ab+bc+ca}{a^2+b^2+c^2}\le\frac{5}{2}$$

참고. 다음을 생각하자.

$$\frac{b+c-a}{b+c}+\frac{c+a-b}{c+a}+\frac{a+b-c}{a+b}=$$

$$\frac{(b+c-a)^2}{(b+c)(b+c-a)}+\frac{(c+a-b)^2}{(c+a)(c+a-b)}+\frac{(a+b-c)^2}{(a+b)(a+b-c)}\ge\frac{(a+b+c)^2}{2(a^2+b^2+c^2)}$$

8. $a>0, b>0, c>0, d>0$ 에 대해

$$\frac{a}{b+2c+3d}+\frac{b}{c+2d+3a}+\frac{c}{d+2a+3b}+\frac{d}{a+2b+3c}\ge\frac{2}{3}$$

9. $n \geq 2,\ x_i > 0,\ i = 1, \ldots, n,\ \sum_{i=1}^{n} x_i = 1$ 에 대해 $\sum_{i=1}^{n} \frac{x_i}{\sqrt{1-x_i}} \geq \frac{\sum_{i=1}^{n} \sqrt{x_i}}{\sqrt{n-1}}$

10. $n \geq 2,\ x_i > 0,\ i = 1, \ldots, n,\ x_1 + \ldots + x_n = 2$ 에 대해

$$\frac{x_1^2}{1 + x_2 + x_3 + \ldots + x_n} + \frac{x_2^2}{1 + x_1 + x_3 + \ldots + x_n} + \ldots + \frac{x_n^2}{1 + x_1 + x_2 + \ldots + x_{n-1}} \geq \frac{4}{3n-2}$$

11. $k \in N,\ n \geq 2,\ x_i > 0,\ i = 1, \ldots, n,\ x_1 \cdot \ldots \cdot x_n = 1$ 에 대해

$x_1^k + \ldots + x_n^k \geq x_1 + \ldots + x_n$

12. $n \geq 2,\ a_i > 0,\ i = 1, \ldots, n,\ a_1 \cdot \ldots \cdot a_n = 1$ 에 대해 $\sqrt{a_1} + \ldots + \sqrt{a_n} \leq a_1 + \ldots + a_n$

13. (a) $x > 0,\ y > 0,\ z > 0$ 에 대해 $\frac{(x+y)z}{(x+y)^2 + z^2} \leq \frac{4z}{4z + 3x + 3y}$

(b) $a > 0,\ b > 0,\ c > 0$ 에 대해

$$\frac{(b+c-a)^2}{(b+c)^2 + a^2} + \frac{(c+a-b)^2}{(c+a)^2 + b^2} + \frac{(a+b-c)^2}{(a+b)^2 + c^2} \geq \frac{3}{5}$$

14. (a) $n \geq 3,\ x_1 > 0, \ldots, x_n > 0$ 에 대해

$$\frac{x_1}{\sqrt{x_1} + \sqrt{x_2}} + \frac{x_2}{\sqrt{x_2} + \sqrt{x_3}} + \ldots + \frac{x_n}{\sqrt{x_n} + \sqrt{x_1}} \geq \frac{1}{2}\left(\sqrt{x_1} + \ldots + \sqrt{x_n}\right)$$

(b) $a,b,c \in (1;2)$ 에 대해 $\dfrac{b\sqrt{a}}{4b\sqrt{c}-c\sqrt{a}}+\dfrac{c\sqrt{b}}{4c\sqrt{a}-a\sqrt{b}}+\dfrac{a\sqrt{c}}{4a\sqrt{b}-b\sqrt{c}} \ge 1$

참고. $\dfrac{b\sqrt{a}}{4b\sqrt{c}-c\sqrt{a}}=\dfrac{\left(\sqrt{ab}\right)^2}{4b\sqrt{ac}-ac}$ 을 생각하자.

15. $n \ge 3,\ a_1>0,\dots,a_n>0$ 에 대해

$$\frac{(a_1+\dots+a_n)^2}{2\left(a_1^2+\dots+a_n^2\right)} \le \frac{a_1}{a_2+a_3}+\frac{a_2}{a_3+a_4}+\dots+\frac{a_n}{a_1+a_2}$$

16. $x>0,\ y>0,\ z>0,\ xyz=1$ 에 대해

$$\frac{x^9+y^9}{x^6+x^3y^3+y^6}+\frac{y^9+z^9}{y^6+y^3z^3+z^6}+\frac{z^9+x^9}{z^6+z^3x^3+x^6} \ge 2$$

17. $x^2+y^2+z^2=1$ 에 대해 $\dfrac{x}{1+x^2}+\dfrac{y}{1+y^2}+\dfrac{z}{1+z^2} \le \dfrac{3\sqrt{3}}{4}$

18. $a>0,\ b>0,\ c>0$ 에 대해 $\dfrac{a^3}{b+2c}+\dfrac{b^3}{c+2a}+\dfrac{c^3}{a+2b} \ge \dfrac{a^2+b^2+c^2}{3}$

19. $n \in N$ 에 대해 $\dfrac{2n}{3n+1} \le \dfrac{1}{n+1}+\dfrac{1}{n+2}+\dots+\dfrac{1}{2n} \le \dfrac{3n+1}{4(n+1)}$

20. $n \ge 4,\ a_1>0,\dots,a_n>0,\ a_1^2+\dots+a_n^2=1$ 에 대해

$$\frac{a_1}{a_2^2+1}+\frac{a_2}{a_3^2+1}+\dots+\frac{a_n}{a_1^2+1} \ge \frac{4}{5}\left(a_1\sqrt{a_1}+a_2\sqrt{a_2}+\dots+a_n\sqrt{a_n}\right)^2$$

21. $a>0, b>0, c>0$ 에 대해 $\frac{a}{2a+b}+\frac{b}{2b+c}+\frac{c}{2c+a}\le 1$

참고. 다음을 생각하자.

$$\frac{1}{2}-\frac{a}{2a+b}+\frac{1}{2}-\frac{b}{2b+c}$$

$$=\frac{b^2}{2b(2a+b)}+\frac{c^2}{2c(2b+c)}\ge\frac{(b+c)^2}{2(2ab+(b+c)^2)}\ge\frac{c}{2c+a}$$

22. $a>0, b>0, c>0$, $a^2+b^2+c^2=3abc$ 에 대해

$$\frac{a}{b^2c^2}+\frac{b}{c^2a^2}+\frac{c}{a^2b^2}\ge\frac{9}{a+b+c}$$

23. 다음 연립방정식을 풀어라.

$$\begin{cases} x_1+x_2+\ldots+x_n=n \\ x_1^4+x_2^4+\ldots+x_n^4=x_1^3+x_2^3+\ldots+x_n^3 \end{cases}$$

24. $a_i>0,\ b_i>0\ (i=1,\ldots,n)$, $(a_1^2+\ldots+a_n^2)^3=b_1^2+\ldots+b_n^2$ 에 대해

$$\frac{a_1^3}{b_1}+\ldots+\frac{a_n^3}{b_n}\ge 1$$

참고. $\frac{a_1^3}{b_1}+\ldots+\frac{a_n^3}{b_n}=\frac{(a_1^2)^3}{\frac{a_1^3}{b_1}\cdot b_1^2}+\ldots+\frac{(a_n^2)^3}{\frac{a_n^3}{b_n}\cdot b_n^2}$ 을 생각하자.

25. $x>0,\ y>0,\ \ z>0,\ t^2=\dfrac{xyz}{\max(x,y,z)}$ 에 대해

$$4(x^3+y^3+z^3+xyz)^2 \ge (x^2+y^2+z^2+t^2)^3$$

참고. $x^3+y^3+z^3+xyz=\dfrac{\left(x^2\right)^2}{x}+\dfrac{\left(y^2\right)^2}{y}+\dfrac{\left(z^2\right)^2}{z}+\dfrac{\left(\sqrt[3]{x^2y^2z^2}\right)^2}{\sqrt[3]{xyz}}$ 을 생각하자.

26. $a+b+c=1$에 대해 식 $a^4+2b^4+3c^4$ 의 최솟값을 구하여라.

27. $a>0, b>0, c>0,\ a+b+c=1$에 대해

$$\frac{(b+c)^5}{a}+\frac{(c+a)^5}{b}+\frac{(a+b)^5}{c}\ge\frac{32}{9}(ab+bc+ca)$$

참고. 다음을 생각하자.

$$\frac{(b+c)^5}{a}+\frac{(c+a)^5}{b}+\frac{(a+b)^5}{c}=\frac{(b+c)^5}{1\cdot1\cdot1\cdot a}+\frac{(c+a)^5}{1\cdot1\cdot1\cdot b}+\frac{(a+b)^5}{1\cdot1\cdot1\cdot c}\ge\frac{32}{27}$$

28. $a_1>0, \dots, a_n>0,\ k\ge3,\ k\in N$ 에 대해

$$\left(\sqrt[k-1]{2}-1\right)\left(a_1+a_2+\dots+a_n\right)<\sqrt[k]{2a_1^k+2^2a_2^k+\dots+2^n a_n^k}$$

참고. 다음을 생각하자.

$$2a_1^k+2^2a_2^k+\dots+2^n a_n^k=\frac{a_1^k}{\left(1/\sqrt[k-1]{2}\right)^{k-1}}+\frac{a_2^k}{\left(1/\sqrt[k-1]{2^2}\right)^{k-1}}+\dots+\frac{a_n^k}{\left(1/\sqrt[k-1]{2^n}\right)^{k-1}}\ge$$

$$\frac{\left(a_1+a_2+\dots+a_n\right)^k}{\left(1/\sqrt[k-1]{2}+1/\sqrt[k-1]{2^2}+\dots+1/\sqrt[k-1]{2^n}\right)^{k-1}}>\frac{\left(a_1+a_2+\dots+a_n\right)^k}{\left(1/\sqrt[k-1]{2}+1/\sqrt[k-1]{2^2}+\dots+1/\sqrt[k-1]{2^n}+\dots\right)^{k-1}}$$

찾아보기 I.n.d.e.x.

저자 소개

Nairi Sedrakyan

예레반국립대학교 수학-역학부를 졸업하였고, 예레반국립대학교 부설 수학-물리학교와 카자흐스탄 알마티의 수학-물리학교에서 수학을 지도하고 있으며, 아르메니아의 국제수학경시대회(IMO) 대표팀을 지도하였다. 현재 아르메니아 수학경시대회 위원장, 아르메니아 도시경시대회(Tournament of Towns) 위원장, 아르메니아 예레반 수학경시대회 위원장을 맡고 있으며, 2010년 카자흐스탄 국제수학경시대회 심판, 문제선별위원(6인 위원회)으로 활동하였다.

Hayk Sedrakyan

2002년부터 2004년까지 국제수학경시대회에 아르메니아 대표로 참가했으며, 2004년 아테네 국제수학경시대회에서 동메달을 받았다. 수년간 수학경시대회 팀들을 지도했으며, 현재는 소르본느 파리4대학의 연구원으로 있다. 연구분야는 Optimal control and Game theory이다.

역자-한인기

한국교원대학교 수학교육과를 졸업하여 모스크바국립사범대학교에서 수학교육학을 전공하였고, 현재 경상대학교 수학교육과 교수로 재직 중이다. 주요 저서 및 역서로는 구성주의와 한국수학교육(공저), 수학 학습지도 원리와 적용(공저), Mathematics Education in Korea(공저), 수학교육학신서(공저), 놀라운 수학나라 대탐험(역서), 수학에 흠뻑 빠질 수 있을까(역서), 수와 다항식과 도형에 대한 이야기(공역서), 평면기하학의 탐구문제들(역서), 뇌를 자극하는 수학공부(공저), 문제해결의 이론과 실제(공저), 유추를 통한 수학탐구(공저), 대수기초해석조합의 탐구문제들(역서), 교사를 위한 수학사(저서) 등이 있다.

증명방법으로 보는 **다양한 부등식 1**

2015년 11월 10일 초판 발행
2023년 4월 20일 초판 2쇄 발행

저 자 • Nairi Sedrakyan, Hayk Sedrakyan, 한인기
발행자 • 오판근
발행처 • 교우사

주 소 • 서울특별시 동대문구 약령시로 8 교우빌딩 2층
전 화 • 925-2861(代), 편집부 / 925-2825, 홈쇼핑 / 969-5762
팩 스 • 925-2860

이메일 / kyowoo@kyowoo.co.kr
홈페이지 / http://www.kyowoo.co.kr
북스토어(쇼핑몰) / http://www.kyowoo.co.kr

등록번호 / 1994년 3월 24일 제6-0256호 SET

ISBN 979-11-251-0138-3(93410)
세트 979-11-251-0137-6(93410)

값 20,000원